なごや環境首都宣言

～トップランナーは、いま～

松原 武久

ゆいぽおと

なごや環境首都宣言

―トップランナーは、いま―

――環境は文化だ。
市民が支える文化だ。――

松原武久

プロローグ　走り続けるトップランナー

平成十七（二〇〇五）年三月二十四日、愛・地球博開会式。

今世紀最初の国際博覧会がいよいよ始まろうとしていました。式典会場のＥＸＰＯドームの壇上には、燦然と輝く名古屋城の金鯱。そして一面の菜の花、これは資源循環型社会をめざす「菜の花プロジェクト」の象徴。出席者に配られた小さな麻袋、一粒のトウモロコシが入った「叡智の袋」……。

そこへ、二人の「未来の子ども」が登場しました。

「私たちの入学式に桜はありません。桜は二月に咲いてしまいます。

紫外線が強すぎて海水浴は禁じられています。

学校には環境難民と呼ばれる外国のお友だちがいます」

平均気温が上がり、季節感が失われ、オゾンホールが拡大して紫外線の危険にさらされた地域や海面上昇で水没した島からの環境難民がいる未来。そんな未来からやって来たという想定の二人の子どもたちが、「この万博を機に、未来を変えてください」と訴えたのです。彼らは、小指、人差し指、親指の三本を立てる「約束のポーズ」を一緒にしてくれるよう求めました。

そしてつられるように、EXPOドームにいた全員の手があがり、左右に大きく振られました。そのとき私は、背中をガツンと押されたように迷いが吹っ切れました。

「なんて軽はずみな人なんだろう」、前著『一周おくれのトップランナー』のあとがきで、中部リサイクル運動市民の会代表の萩原さんが、私のことをそう評しました。本書を読んだ後、皆さんは「変わってないな、この市長」ときっと感じるだろうなと思いながら、今、この稿を起こしています。常に前を向き、ときに軽はずみといわれながら新しいことに挑戦してきました。環境施策はまず走り出すことが肝要。目標に向かって走り出せば、理由とシステムなんかは後からついてくるというのが、私の考えです。

平成十七年度名古屋市のゴミ量は七十二万トン、ピークだった平成十年度の百二万トンと比較すると三十パーセント減少しました。かつて、「ゴミには資源が三十パーセントは含まれているから、徹底的に資源を取り出せば三十パーセントのゴミ減量は可能」と、萩原さんが提唱したことがあります。その理論値が達成されたのです。「それじゃあ次はどうするか」と、軽はずみに考えることに私の真骨頂があると思っています。市民の底力を信じるがゆえの軽はずみです。

ごみの次は、CO_2です。

愛・地球博の未使用入場券を利用したエコライフ宣言に、市内の子どもたちはほとんどが参加してくれました。現在参加者は二十七万人、大人の間にも輪は広がっています。できる仕組みを、走りながら考えましょう。皆さんとともに、軽はずみと言われても……。

いま、十五分間に一種類の生物が滅んでいます。

わずか半世紀前までは一年に一種でしかなかったことを考えると、これは大変なことです。六千五百万年前に恐竜が滅んだとき以来の大絶滅時代の到来だそうです。そうした事態を招いたのが人類であるならば、それを叡智で克服できるのも人類です。

東山動植物園を再生しようと考えた理由の一つがそこにあります。生物の多様性が失われていくいまこそ、雑木林や棚田の復活など、東山を「人と自然をつなぐ懸け橋」としていこうではありませんか。

千年生きた樹は、木材としてふたたび千年生き続けるといいます。

こうした木の命に託して、世界的な文化遺産を未来に贈る壮大な事業、それが名古屋城本丸御殿の復元です。いま、ヒノキの実生《みしょう》の苗木を育て、旧尾張藩の御用林に植林することを呼びかけています。二百年後に修復材として利用するためです。自然のサイクルを生かした取り組みにしたいのです。名古屋開府四百年にあたる平成二十二（二〇一〇）年を前に、機は熟しつつあります。

「地上には元々道はない。歩く人が多くなればそれが道になる」

これは魯迅の言葉です。私の街普請の考え方も同じです。

名古屋の将来のため、知恵を絞り汗を流したこれまでと、地球の未来に思いをはせ、さらに走り続けるこれからを綴ったものが本書です。未来の子どもたちへの約束を果たすための答えは、きっとこのなかにあると信じています。

迷いのあった私の背中を、未来の子どもたちがガツンと押してくれました。究極の軽はずみかもしれませんが、いま、名古屋は環境首都をめざします。この本を読んでくださったすべての皆さんが、ともに歩いてくださるよう心からお願いいたします。

未来の子どもたちの「約束のポーズ」

読売新聞社提供

なごや環境首都宣言　目次

第四章　環境首都のまちづくり

カバー・本文イラスト　茶畑和也
装幀　小寺　剛（リンドバーグ）

第一章　名古屋発「分別文化」「協働文化」

一　一周おくれから、トップランナーへ

苦渋の決断

市長に就任して半月もたたない平成九年五月十日、ごみ埋立処分場計画についての第一回公聴会が開催された。第一回というのは、公聴会がいきなり紛糾して中断し、混乱の中で閉会せざるを得なかったからである。陳述人がまだ一名残っていたため、七月に異例の第二回公聴会を開催。このときも紛糾して事業者である名古屋市の見解表明ができず、八月に第三回公聴会を開くという異例ずくめのスタートだった。

就任当時の私は、まだ、ごみ問題や環境問題に特別の関心を持っていたわけではなかった。そこへいきなりの先制パンチを受け、「ごみ市長」への道をまっしぐらに突き進むこととなった。思いもよらぬ展開ではあったが、それは、二十世紀から二十一世紀への転換期としての必然だったのかもしれない。

翌十年一月には「チャレンジ一〇〇」を呼びかけた。一人一日百グラム、年間合計八万トンのごみ減量の呼びかけである。既存の愛岐処分場が刻々と満杯に近づくにもかかわらず、次期処分場計画は逆風の中にあった。ともかくごみを減らさなくてはいけない、そんな切羽詰まっ

た思いからの呼びかけだった。ペットボトルや紙パックの拠点回収も始めた。しかし、ごみは減る気配を見せなかった。

八方ふさがりのなかで、平成十一年を迎えた。快適で清潔な市民生活の確保と自然環境の保全、これらの両立をいかにして図るべきか、熟慮を重ね手を尽くしてきたものの、もはや「苦渋の決断」以外の選択は残されていなかった。一月二十五日、藤前干潟の埋立を断念した。

そして翌二月、捨て身で市民に訴えた。いわゆる「ごみ非常事態宣言」である。

「……埋立処分場を市内に求めることのできなくなった今日、いよいよ、ごみを出さないライフスタイルの確立という根本的な課題に、正面から向き合わなくてはなりません。……実情を率直に市民にお伝えし、大胆なご協力をお願いするという点で名古屋市全体として大変な遠慮があった、そう感じております。……あと二年、今世紀のうちに少なくとも二十万トンのごみ減量を実現し、バブル期以前のごみ量に減らしたいのです。……切に切にお願い申し上げます」

宣言と平行して、集団資源回収等への助成強化、事業系古紙・びん・缶等の搬入禁止などを行った。市の施策と市民の取り組みが徐々にかみあい、平成十一年度のごみ量は、ついに前年比十パーセント減った。しかし、まだ足りなかった。

容器包装リサイクルの完全実施

最後の切り札は、容器包装リサイクルの完全実施だった。

容器包装リサイクル法は、市町村まかせだった廃棄物処理のなかに拡大生産者責任という新しい考え方を一部導入した法律である。しかし、画期的ではあったが不徹底であり、事業者の負担に比べ市民や市町村の負担がはるかに大きい仕組みであった。このため、模様ながめをしている自治体が多かった。しかし我々は、あえて火中の栗を拾うことにした。平成十二年八月七日を期して、紙製・プラスチック製容器包装の分別収集を開始することにしたのだ。「なごやの熱い夏」の始まりだった。

びん、缶、ペットボトルなど従来の飲料容器の分別は、見分けることが難しいわけではなかった。しかし、紙製容器包装、プラスチック製容器包装という新しい分別は、わけのわからないことだらけだった。このため、のべ二十一万世帯が参加した二千三百回にわたる地域説明会、天才バカボンをキャラクターにした「ごみの達人便利帳」など広報資料の度重なる全戸配布やテレビCMなど、かつてない規模で事前PRを行った。しかし、ふたを開けてみると大混乱だった。

十万件の問い合わせ、苦情、悲鳴が市役所に殺到した。道端や喫茶店、そして職場でも、市民が三人集まれば、話題は「資源分別」一色だった。しかし苦労の甲斐あって、ごみ袋はガサッとしぼみ、資源袋はパンパンにふくれあがった。ごみ袋の中身がよく見えるようになり、古

1周おくれから、トップランナーへ

〈前　史〉

昭和56年	藤前干潟を、ごみ処分場用地として計画
平成元～5年	埋立計画を縮小（105ha→46.5ha）
平成8年	環境影響評価の手続きに入る

〈市民とともに悪戦苦闘〉

平成9年	4月	名古屋市長に就任
	8月	藤前干潟が「シギ・チドリ類の重要飛来地」に
平成10年	1月	「チャレンジ100」を呼びかけ ＊しかし、ごみは減らず
平成11年	1月	処分場計画（藤前干潟埋め立て）を断念
	2月	「ごみ非常事態宣言」 ＊2年間で20%、20万トン減量を訴え
平成12年	8月	容器包装リサイクルの完全実施 ＊10万件の問い合わせ・苦情・悲鳴が殺到
平成13年	3月	目標達成！（2年間で23%のごみ減量）

〈あいつぐ受賞〉

平成13年	3月	第1回環境首都コンテスト ＊第1位受賞（しかし首都認定はならず）
平成14年	11月	藤前干潟がラムサール条約登録湿地に
平成15年	5月	第1回環境グランプリ ＊環境大臣賞とグランプリを受賞 （220万市民と名古屋市が連名で受賞）

紙など他の資源の分別も大きく進んだ。

新しい風を名古屋から

平成十三年の正月が明けた。年末までのごみ量データを受け取った私は、「よし、これならいける」と安堵の胸をなでおろした。

前年八月の容器包装リサイクル完全実施以来、名古屋のごみ量は劇的な減少を見せていた。しかし、この傾向が数か月でストップするかもしれないと、気が気でなかったのだ。結果は、案ずるより生むが易し、「二年間で二十パーセント、二十万トンのごみ減量」という目標達成は、ほぼ確実な見通しとなった。

そこで二月、「ごみ非常事態宣言二周年にあたって」と題して、市民に呼びかけた。

「平成十一年二月の『ごみ非常事態宣言』以来、ご無理ばかり申し上げてまいりました。しかし、皆様のご協力、そして地域役員の方々の献身的なご尽力により、ごみ量は二割減、資源収集量は約三倍となりました。また、埋立量はほぼ半減し、愛岐処分場についても多治見市の皆様のご理解により延命に向けてのめどが立ちました。……当面、『ごみが町にあふれる』という最悪の事態は回避されようとしています。本当にありがとうございました……」

市の関係者だけでなく、多くの市民が毎月の発表数字に一喜一憂し、目標が達成できるかどうか心配していた。だから一刻も早く、「皆さんの苦労は報われました。ありがとうございました！」と感謝の気持ちを伝えたかったのだ。

そして続けた。

「名古屋市民は、全国で最も容器包装に厳しい目を持つ消費者です。『消費者の権利行使である購買行動』を通して……グリーンコンシューマー（環境にやさしい消費者）による『新しい消費者文化の風』を、名古屋から起こそうではありませんか」

事業者にも呼びかけた。

「事業者の皆さん。皆さん自身、家庭では消費者として現行制度による痛みを感じておられるはずです。全国の事業者に率先して……静脈部門に配慮した『新しい産業文化の風』を、名古屋から起こそうではありませんか」

分別にさんざん苦労したがゆえに、これからは設計や生産の段階からごみになりにくい商品づくりが不可欠だと考えた。これは私だけでなく、大半の名古屋市民の実感だった。だから、分別による成果を踏まえて、さらにその先に進みましょう、「捨てるとき」だけでなく「つくるとき、売るとき、買うとき」からごみを出さない行動を起こしましょうと訴えたかったのだ。

二　分別文化、協働文化の定着

取り越し苦労だった「リバウンド」

体重の場合でも、急激なダイエットの後には必ず反動（リバウンド）がある。現に、有料化などによってごみ減量を実現した他都市の例を見ても、三年間ほどは効果があるものの、その後徐々に元に戻ってしまうことが多い。

だから、名古屋のごみ減量が劇的であっただけに、緊張が緩んだときに反動が来るのではないかとたえず心配していた。信長が武田信玄の影におびえていたようなものだ。

しかしそれは、取り越し苦労だった。ごみ量は、平成十二年度に大きく減った後、その後の五年間でさらに九パーセント減った。この間に人口は二パーセント、世帯数は六パーセント増加しているにもかかわらずの減少だ。その一方で、資源回収量の増加も続いている。市民の分別意識は一時的なものではなく、持続している。

平成十四年の春には、「迷ったら資源」というキャンペーンを行った。「これは資源だろうか、ごみだろうか？」と迷うことは誰しもある。当時多くの市民は、資源はきれいなものでなくてはならないという意識がすごく強かった。だから、迷ったときにはごみに入れる人が多かった。

名古屋のごみ量の推移

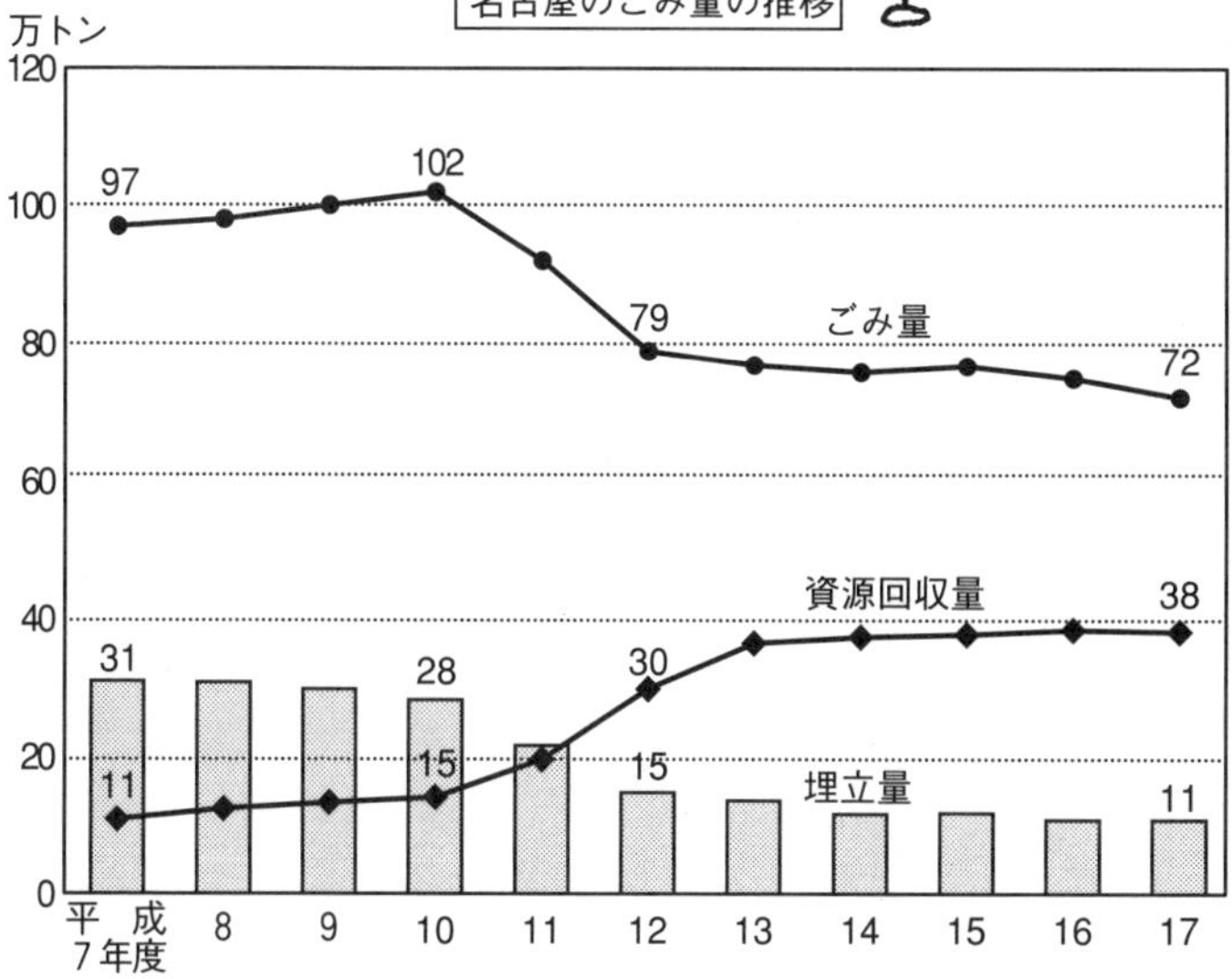

		平成10年	平成17年	増加率
一人一日あたり	ごみ量 (全国平均)	1,251g (1,032g)	862g (947g)	▲31% (▲8%)
	埋立量 (全国平均)	334g (246g)	129g (174g)	▲63% (▲29%)
	資源回収・ 集団回収量 (全国平均)	98g (141g)	282g (202g)	2.8倍 (1.4倍)
資源回収率 飲料容器 紙・プラ製容器包装 古　紙		 5割 — 3割	 9割 6割 7割	

(注) 平成17年の全国平均の欄は、平成16年の数値。

しかし、とくにプラスチック製容器包装の場合、多少の汚れは支障がない。しかも、支障があれば選別の段階で取り除くことが可能だ。だが、いったんごみ袋に入れてしまったら、リサイクル可能なものでも資源化の道は閉ざされてしまう。だから迷ったときには、ごみ袋ではなく資源袋に入れてもらったほうが良いのだ。

これに対して、几帳面な方からは「いいかげんなことを言ってもらっては困る」とお叱りを受けたりもした。しかし、名古屋市民の分別意識は高く、資源の中の異物は一割未満にとどまっている。「分別文化」ともいえる気風が、名古屋に生まれたのだ。

容器包装のリサイクルから、さらに発生抑制にも踏み込もうと考えた。そこで、消費者団体や流通業界との協働で、平成十五年十月一日から「エコクーぴょん」という共通シール方式のレジ袋削減運動を始めた。店でレジ袋や紙袋を断るとウサギのマークのついたシールがもらえ、これを二十枚集めると五十円の商品券として使える仕組みだ。子ども会やPTAなどの団体の場合には、二十枚で百円の還元金を受けられる。ショッピングセンターやスーパー、小売市場をはじめ五百以上の店舗が参加している。この「エコクーぴょん」は一日に約三万枚使われているので、一人が一枚のレジ袋を使うとしても、毎日三万枚のレジ袋が削減されていることになる。

当初は、「レジ袋など目方も軽いし、取り組んでも意味がない」という声もあった。しかし実際は、市内のレジ袋消費量は約一万トンにのぼり、ペットボトルよりも多い。しかもこれが石油の塊。レジ袋を一万トンつくるには、二万トンの石油が必要だ。原料で一万トン、燃料で一万トン、合計二万トン。これだけの石油で電気を起こせば、熱田区（二万八千三百九十八世帯）の全家庭の一年分がまかなえる。もう少し身近にたとえると、レジ袋一枚は六十ワットの電灯一時間分に相当するのだ。

平成十六年には、事業系ごみの処理手数料も改定した。長らく手数料を据え置いていたため、搬入ごみの処理経費が一キロあたり二十五円かかるのに対して、手数料は十円という大幅な乖離が生じていた。ごみをたくさん出す事業者に対して、補助金を出しているようなものだ。同時に、ごみ処理手数料のほうが民間資源化ルートの料金より安いため、円滑な資源循環を阻害していた。

そこで、搬入時の処理手数料を十円から二十円へと値上げした。このとき同時に、従来市が収集していた小規模事業者のごみについても、すべて民間業者収集へ切り替えることとした。約二万四千事業所が市収集から民間業者収集へ移行するわけで、当初は混乱が心配された。事業所ごとに、個々に民間収集業者と契約してもらう必要があるからだ。

しかし結果は、スムーズに移行が進むとともに、手数料改定によって事業系ごみの減量・資源化もいっそう進んだ。

このように、大幅なごみ減量が実現した後もさまざまな手を打ってきた。しかし何といっても、「リバウンド」が起きなかった最大の要因は、市民の間に「分別文化」とでもいうべきものが定着したことだと思っている。

根魚《ねうお》名古屋人の健闘

名古屋の場合、毎年九万人を超える人々が他都市へ転出し、ほぼ同数の人が転入して来る。名古屋のごみルールを良く知らない人が、毎年四パーセントくらいずつ増えていると考えてよい。

このように新陳代謝が激しいにもかかわらず「分別文化」が定着し継承されている背景には、地域の力がすごく大きい。名古屋には「根魚」みたいな人がいて、そういう人たちが、地域の資源集積所などで「こうすれば、いいんだわ」と、分別の仕方を実地に伝えてくださっている。

平成十二年の「なごやの熱い夏」の頃には、「市役所に対して不満は一杯ある。だけど、ごみは減らさなくてはいけないと思うから協力する」という声をたくさん聞いた。混乱がおさまってからは、「はじめはごみを埋める所がないというから、仕方なく協力していた。しかし次第に、これからの時代はこれくらいのことは当たり前だと思うようになった」とおっしゃる方もあった。

このように、いったん納得すれば誠実、頑固に実行するというのが名古屋人であり、そうした名古屋人の堅実な底力が、ごみ問題に限らず今の名古屋の元気を支えているのだと思う。

しかし、学生アパートやワンルームマンションについては、課題が残っている。新陳代謝が激しいこと、地域との日常的な交流が少ないこともあってごみ出しマナーがうまく伝わらず、周辺住民からの苦情が絶えない。引っ越してきたときに住民登録を受け付ける区役所はもとより、集合住宅管理会社の協力も得てごみ出しルールを伝えてはいるが、なかなか徹底しないのが実情だ。

このため平成十六年からは、地域役員や集合住宅管理会社のほかに学生有志にも参加してもらい、問題の多い地区の巡回指導を行っている。排出者本人への周知徹底というところまではなかなか至らないが、地域役員、集合住宅管理会社、学生という立場の異なる市民が一緒になって汗をかき、話し合うことによってコミュニケーションの糸口をつかみつつある。

二百二十万市民とともに環境グランプリ受賞

こうした取り組みが評価されて、平成十五年五月、(財)社会経済生産性本部が実施した第一回「自治体環境グランプリ」において、環境グランプリと環境大臣賞を同時受賞した。

このとき何よりうれしかったのは、受賞対象が「二百二十万市民と名古屋市」の連名だったことだ。この間、市民とともに悩み、ともに苦しみ、ともに汗を流して困難をはね返してきた。取り組み成果の大きさだけでなく、そうした協働の姿勢と実績が評価されたことが、本当にうれしかった。

環境問題は範囲が広いので、すべての点で意見が一致することはありえない。立場の違いによって意見が異なるだけでなく、どの分野、どの環境要素を重視するかによっても意見は異なってくる。だから、たとえ他の点では意見が対立して口角泡を飛ばす議論をしていても、意見が一致する分野では気持ちよく協働するという姿勢が必要だ。

名古屋の場合は、先にふれた「分別文化」だけでなく、こうした「協働文化」が、ごみ問題を契機として自然に育ってきたように思う。

話は前後するが、平成十三年度には、環境NPOが主催する第一回「日本の環境首都コンテスト」にエントリーして第一位に選ばれた。ただし、第一位ではあったが得点が「首都」の称号を与えるには不足しているということで、環境首都という認定は受けられなかった。

そんな仕組みだとは聞いていなかったので、何やらだまされたような気がした。また、評価指標の設定やウェイトづけ、さらには都市の規模や特性に応じた評価方法など、コンテストの仕組み自体まだまだ疑問な点も多く、発展途上だなという印象を持った。

それはともかく、平成十三年三月時点では、我々の取り組み自体がまだ第一歩にすぎなかった。「ごみ減量先進都市」にはなったものの「循環型社会」にはまだ距離があり、十パーセント削減を目標として掲げてはいたものの「CO_2削減先進都市」にむけた実践はまだであった。他人による評価の前に、まず我々自身が、めざすべき「環境首都」像を明確にし、市民と共有する必要があった。

こうした「環境首都への挑戦」については、第三章でふれたいと思っている。

藤前干潟がラムサール条約登録湿地に

ところで、私を「ごみ市長」にしてくれた「藤前干潟」はどうなったのか。

前著『一周おくれのトップランナー』のエピローグで、平成十三年十一月三日に藤前干潟の北側の堤に立っていたシーンを書いた。それから二年後の平成十五年十一月十八日、今度は藤前干潟の東側の堤防で「藤前干潟の日」登録一周年記念式典に参加していた。この日のちょうど一年前、「藤前干潟」はラムサール条約に登録されたのだ。

昭和五十六年に廃棄物処分場用地として位置づけられてから、平成十一年一月に埋立断念するまでの波乱に富んだ経過は前著を読んでいただきたいが、その後も、藤前干潟の保全はすんなりとは進まなかった。藤前を埋め立てるため、五十七億円を費やして用地を取得したということが皆の気持ちに引っ掛かっていたからだ。

一つは、「藤前干潟は海であり土地ではないので、買収は違法支出だ」と住民訴訟を提起されたことである。この問題については、平成十五年六月の高裁判決で市側の全面勝訴が確定し、法的にも解決した。

もう一つは、「藤前干潟の保全のために、名古屋市はまだ税金を使うのか」という気持ちの問題だった。名古屋市は用地取得だけでも五十七億円を費やした。結果的には、その経費は藤前干潟の保全のために使われたことになる。だから、その後の保全にかかる経費は、基本的には国に負担していただきたいと考えるのが一般的な人情だった。そのため、平成十三年六月には、私とともに与党会派の団長が当時の環境大臣の川口さんに要望に行った。要望の内容は、①国費による世界的に誇りうるような施設整備、②土地の買い取りも含め強力な財政的支援、③「必要な治水事業が確実に実施できる」とする見解の提示と関係機関等との調整、であった。大臣の回答は、国が土地を買い取るのは困難、環境教育の施設整備は可能な限り行いたい、防災対策が重要なことは理解する、という趣旨であった。

国が一定の見解を示したこともあり、その後ラムサール条約への登録手続きが進められた。そして平成十四年十一月十八日に、「国際的に重要な湿地」としてラムサール条約に登録された。「藤前干潟の日」記念式典は、平成十三年とは違って晴天だった。野鳥観察館横に設置したモニュメントには、ラムサール条約登録の締約国会議が行われたスペイン産の御影石を使用した。そこには、「名古屋市民の貴重な財産として保全するため、ここに十一月十八日を『藤前干潟の日』とすることを宣言し、市民と行政がともに協力して自然と共生する『環境先進都市なごや』を目指すことを誓います」と刻まれた銘板をはめ込んだ。

平成十七年三月二十七日には、「稲永ビジターセンター」と「藤前活動センター」の二か所に、環境省の環境学習施設が開館した。

余談になるが、藤前干潟では近年、市民団体による清掃活動が続けられている。平成十六年十月二十四日にエコストック実行委員会、土岐川・庄内川流域ネットワーク、藤前干潟を守る会などが中心となって、「藤前干潟クリーン大作戦」を実施したのがはじまりであった。当日は、藤前会場、稲永会場など四会場に分かれて二百四十名の市民とともに、アテネオリンピック女子レスリングのメダリスト、吉田沙保里、伊調千春・馨姉妹の三選手も一緒にごみ集めを行った。私も少し遅れて参加することができた。一時間ほどの作業時間であったが、ペットボトル、発砲スチロールなどの一般ごみはもちろんのこと、オートバイやタイヤなどの粗大ごみも多く、四十五リットル袋で八百三十袋のごみが集まった。翌年からは、春秋年二回のクリーン大作戦が開催されるようになった。

藤前干潟は、都会にある豊かな自然という側面だけでなく、市民の声によって保全が実現し、ごみの分別文化を生み出すきっかけとなったという歴史的な側面においても、まさに「市民の貴重な財産」である。地球温暖化が進むと、百年後には最悪で八十八センチの海面上昇が生じると予測されている。そうなると、この藤前干潟は水没したまま現れなくなってしまう。市民の貴重な財産が失われるのだ。やはり、一刻も早くCO_2削減の道筋をつけねばならない。

三　海外と交流―環境は文化だ―

フライブルクに学ぶ都市の品格

環境首都として有名なドイツのフライブルクを、平成十年に訪れた。その折、「環境都市というのは、都市としてのひとつの品格です。サスティナブルシティー（持続可能な都市）というのは、二十一世紀のトレンドとしてはいちばん重要になるでしょう」と聞いて、はっとしたことがある。都市の品格となりうるのは、環境か文化だというのである。たしかにそうだ。たとえば産業は、市民が福祉や文化、環境を享受するための原資を生み出してくれる。だから産業がなければ都市は成り立たないが、しかし産業が盛んだからといって、それだけで尊敬されることはない。

この話を聞いたのは、藤前干潟の問題が混迷を深めていた時期だった。それだけに、「こんなにごみで苦労しなければならないのなら、それを逆手にとって、『環境』を名古屋の個性にしよう」と、心中ひそかに誓った。

平成十二年の秋には、市民視察団もフライブルクやカールスルーエなどドイツの環境先進都市を訪れている。視察団の報告書は、

「空港へ着くなり、誰からともなくごみ箱のぞきが始まりました。美しくデザインされたごみ箱は……。さすがはドイツです。でも中身は、あまりほめられた状態ではありませんでした」と書いている。分別については名古屋市民の方が徹底していると、自信を持ったようだ。

その一方で、こんな報告もあった。

「拡大生産者責任といって事業者の責任を徹底させる制度や、細かい物の資源化にも取り組む姿勢には、長年の積み重ねを感じました。また、市電を郊外までのばし都心へ乗り入れる車を抑制する交通政策、太陽熱や風力など代替エネルギーの積極的な利用、ビオトープなど身近な自然環境を保全・復元する試み、古い町並みなど歴史的環境を生かしたまちづくりなど、都市政策全体を通して環境問題に取り組む姿勢に、大変感銘を受けました」

「それにしても、ドイツの街づくりの中で『環境』は一つの『文化』として根付いていました。そう、『文化』。それをこそ、学びたいと思います」とも書いている。

ごみ分別という種目別競技では名古屋も頭角をあらわしたが、総合力や文化としての熟成という点では、先方に一日の長があると感じたということであろう。ただフライブルクの場合でも、大昔から環境問題に熱心だったわけではない。環境を意識した交通政策やエネルギー政策に力を入れ始めたのは、一九八〇年代の半ばからだ。我々も遅ればせながら、名古屋流の環境文化を熟成させたいと思う。

その意味で、ごみ問題を通して市民が自信を持ったことは大きい。かつては慎重で先頭を切らない土地柄を自認し、自慢できるものは何もないと卑下していたものだ。しかし最近は、愛・地球博の成功や好調な名古屋経済ともあいまって、「やればできるんだ」とか「名古屋は他の都市に比べて頑張っている」と誇りに思えるようになってきた。一つのことに自信が持てると、他の事柄に対しても挑戦意欲が湧いてくる。成功体験が他の分野にも転移し始めたのである。

市民が誇りを持って暮らしていれば、ぜひ一度名古屋へ来てくださいとか、企業進出してくださいと自信を持って言えるようになる。人も企業も、目の輝いている相手には魅力を感じ、交流したいと思うものだ。交流が活発となれば、それが文化的な刺激となってまちの魅力がさらに高まる……。そんな好循環を期待している。

バンコクとシドニー

平成十七年十一月、環境についての講演を初めて海外で行った。タイはバンコクのサイアム大学、オーストラリアはシドニーのマッコーリー大学で、研究者や学生を前に名古屋の環境施策を紹介した。サイアム大学のポンチャイ学長には、同年七月、なごや環境大学の国際シンポジウムで講演をしていただいた。その折に名古屋のごみ減量に興味を持たれ、話してほしいと依頼されたのだ。

シドニーもバンコクも、基本的には、ごみ減量に対して切迫感を持っていない。ごみ箱を見ても、燃えるごみも燃えないごみも全部いっしょに滅茶苦茶に捨ててある。両都市とも、「いくらでもごみを捨てるところがあるのに、なぜお金をかけてまで処理しなければならないのか?」という感覚が強く、我々の体験はなかなかわかってもらえなかった。

実は、藤前干潟の問題が白熱していたとき、オーストラリアからは「貴重な渡り鳥の楽園を、どうしてごみで埋めるのか」という抗議の手紙やメールをたくさんもらっていた。それだけに、複雑な感情を禁じえなかった。

カナダのバンクーバーへ行ったときも、湿地のようなところへごみを捨てており、長い時間がたてばまた土に戻ると地元の人は言っていた。ごみは処理するものではなく埋めるもので、焼いたら煙が出て苦情が来る。だから埋めたほうが合理的という発想だ。

こうしたお国柄でありながら、やはりいちばん関心を持たれたのは、どうして名古屋のごみが三割も減ったかということだ。

「危機感を共有して、二百二十万人の市民が協力したんです」

「でも、それだけで二百二十万人は動かないでしょう」

彼らにとってごみが減るのは、驚天動地のできごとらしい。そこで私は、

「名古屋には地域組織があるのです」と話した。

分別が不完全で収集されなかったごみ袋のごみを一つひとつ分別したり、たばこの吸い殻の入った缶を洗ってきれいにしたりしてくれた地域役員の方々やボランティアが数千人いたのだ。

ボランティアというのは好きなときに好きなことだけ行うと思っている国の人からすると、保健委員さんをはじめとする名古屋の地域役員は、ボランティアの領域を超えている。そんな組織があって、あるとき、よーいどんで全部が機能したということに、とても驚かれた。

また、「燃えるごみは一度燃やして灰にし、その灰をまた溶融して埋立量を削減する」といった我々の切実さは、理解を超えているようだった。

ただし、目の前に何もかもごちゃごちゃになったごみがあって、何とかしなければという意識はあるようだ。名古屋のように分別をすること、きれいに処理することは必要だとは思っている。とはいえ、遠くへ持って行って捨てているのが現状である。

アメリカなどでは、極端にいえば都市のはるか郊外にまずごみ処分場の場所を決めて、そこまで線路を敷き、ごみ専用の貨物列車を走らせて捨てに行く。そこがいっぱいになったら次は少し手前に捨て、そこも埋まったら、また少し戻るというやり方をしている。ただ、ロサンゼルスあたりでは、このやり方ができなくなってきており、ごみの減量化に向かいつつあるようだ。

このように、国によってごみへの感覚は大きく違う。しかし早晩、これらの国々もごみ問題と正面から向き合わざるをえなくなるだろう。そのときには、名古屋の分別文化・協働文化の深い意味をきっとわかってもらえるに違いない。

イタリアのブラへ行く

名古屋の姉妹都市、イタリアのトリノで開催された冬季オリンピックの開会式に参加するため、平成十八年二月にイタリアへ渡った。北イタリアにはスローフード協会本部のあるブラという歴史のある街がある。スローフード協会には世界中で八万人の会員がいるそうだが、ブラの人口は三万人。医師でもある市長が快く迎えてくださった。私が、「日本では、スローフードというのはゆっくり食事すること。できれば地元の特色ある食材で料理をすることだと思っている人が多いようです」と言うと、市長さんは「スローフードというのは地域固有の食材がなくならないようにすることです。それぞれの土地にはその土壌や水、さまざまな自然条件に合った食べ物がありますが、人々はそれを食べることで命を育んできました。そのおかげで地域ごとの精神性というようなものも育ったのです」と言われた。

地域固有の食材がなくなると、画一的、統一的な材料でしか調理できなくなる。作られた統一的な味覚の食品がファストフードだ。地域固有の食材は自然破壊によってなくなったものも多いが、地域食材を守ることの大切さやスローフードの精神を、早くチーズの店へ行きたくて気もそぞろな私に、市長さんは実に丁寧に説明してくださった。

私は、スローフードは郷土の良質の食材を守っていくことなのだと思った。それは土を考えること、水を、山を、森を考えることに連なっていく。結局、自分たちが生かされてきた自然をできるだけ残そうという考えに至る。食材を考えることは水を考えること、地域の土壌汚染の問題を考えること、環境問題を考えることと、どんどん広がっていく。私は、スローフードは、食材から自然を考えていくことだと理解した。

街で食事をした。イタリアの食事は大体、前菜、パスタ、メインディッシュ、デザート、コーヒーという流れになっているが、大きなレストランだと前菜で十種類、パスタとメインディッシュ、デザートは五、六種類のなかから、それぞれが好みのものを選ぶ。それだけ食材を用意しているのはすごいと思った。利益率が高いのか人件費が安いのかはわからないが。

その点、日本のレストランはコース料理が中心で、ものすごく高効率である。日本人はパック旅行が好きなように食事もパックになったコースばかり、要するに定食ばかり好んで食べている。簡単にすませたいと思っているのか、もしかしたら人と同じ給食をずっと食べて育ったせいかもしれない。

名古屋市の中学校給食では複数メニューからの選択制を取り入れているが、せいぜい二種類のうちから好きなほうを選べるだけで、しかも予約券方式である。学校給食は一食あたりの単価が決まっているし、食材を残さないというのが大前提にあるし、栄養素やカロリーなどバランスを大切にしているからだ。

ブラ市の市長さんに、日本の給食について話したら、「そんなことしているんですか」と驚かれた。一か月分のメニューを考えたら、何が何でもその食材を全国から調達してくる。名古屋の公立小学校の全メニューを考えるというのは、統一食材を考えるということになるのだ。できることなら各学校ごとにメニューを考え、地域食材を生かした給食を提供することで、子どもたちがその地域でできる食材について理解を深めていくことができればと願っているが、これがいくつかの壁があってうまくいかない。

日本人は定食が好きだと書いたが、皆と同じものを食べていれば安心、つまりはじきにされないということかもしれない。私は、ここに主体性が育たない大きな原因があるのではないかと思う。皆と同じことをしていれば心が落ち着くというメンタリティーがあるように思えてならない。

皆で一緒に動くと安心できる、命じられたことはやるが、それ以外はしない。今の学校の教育目標には「自ら考える」とあるが、なかなかそのようにはなっていない。先回りの指示を連発し問題が起こらないように規定の路線をはずさないようにということを考えすぎるからだ。世界一システマチックな安心、安全、正確、スピードが生命の新幹線は交通の面ではけっこうであるが、教育の面での新幹線はいただけない。指示されたことしかやらない教師でなく、創意工夫、自ら考え、未来を考えることのできる子どもを多く育ててくれる教師を増やしたい。そうすれば、社会はおのずと変わってくる。

山田洋二監督描く「学校シリーズ」「寅さんシリーズ」も主人公は旅に出る。旅にはいろいろな人との出会いがある。それが面白いのであるが、そこではさまざまなトラブルもある。トラブルがあるから何とか解決しようとする。解決しようと苦労するから変わろうとするし、成長がある。誰かがトラベルの語源はトラブルであるといったが、本当かどうかはさておき、食の問題は食材が生産されたところと口に入るまでの距離があればあるだけトラブルが多くなる確率が高いのでフードマイレージを短くすることは大切なことと思う。また、そのほうがエネルギーロスも少なくなる。

スローフードから教育論まで広げてしまったが、ともかくスローフードとは自然や環境を考えることだということをブラの市長さんに教えていただいた。名古屋のような大きな街でブラのシステムを取り入れることはできないし、自然条件も違うが、考え方は大いに参考にしたい。

名古屋の給食でもぜひ実践したい。食育基本法もできたことだし、そのことに関し、専門家からいろいろ話を聞いているが面白いアイデアもたくさんある。いま、そのプログラムも考えているところだ。

四　新たな挑戦

名古屋のごみは、なぜ減った？

容器包装リサイクルは、名古屋の劇的なごみ減量の大きな「引き金」となった。平成十年度から十七年度までのごみ減量三十万トンのうち、容器包装リサイクルによる直接的効果は七万トン、四分の一弱だ。

これに対して、市民・事業者による発生抑制（使い捨てるもの自体の削減）や古紙等の自主回収による効果が、実に四分の三を占めている。つまり、容器包装リサイクルによって鍛えられた分別意識が、市民の自主回収や発生抑制を大きく誘発したのだ。その意味で容器包装リサイクルは、まさに「引き金」だった。

名古屋の古紙回収量は、市民一人あたり年間六十キロ、全国平均の実に三倍と群を抜いている。いわゆる集団回収だけでなく、学区協議会方式の集団回収、リサイクルステーション、新聞販売店自主回収、古紙リサイクルセンターなど名古屋独自のメニューが豊富なことが、高い回収率につながっている。学区協議会方式の集団回収は、住民、新聞販売店、古紙業者の協働による仕組みで、従来方式に比べて住民の作業負担を減らし取り組みやすくしたことが特徴だ。

名古屋のごみ問題の出発点は、埋立処分場だった。では、六割という大幅な埋立量減少は、なぜ実現したのだろうか？

平成十年当時の埋立量は、不燃物と焼却灰が半々だった。しかし今では、焼却灰が八割を占めている。焼却灰が増えたわけではない。四割（五万トン）も減っている。焼却量の減少による効果が圧倒的に大きいが、同時に、焼却灰の溶融資源化や焼却工場の更新による焼却灰発生率の減少も寄与している。市民の努力と技術力との相乗効果だ。

埋立不燃物も劇的に減少した。びん、缶、ペットボトルの姿はごみ袋から消え、プラ製容器包装も六割が資源袋へ移った。粗大ごみも半減した。このようにごみ量自体が大きく減ったことが最大の要因だ。そのうえで、さらに破砕処理を行っている。破砕処理というのは、不燃ごみや粗大ごみを大きなハンマーで破砕し、磁石やふるいにかけるのだ。このように手間をかけるのは、粗大ごみなどは不燃物と可燃物の混合体だし、不燃ごみの中にも、減ったとはいえ可燃ごみが混ざっているからだ。こうして金属を回収すると同時に不燃ごみや粗大ごみの中に含まれる可燃物を取り除き、埋立を回避している。

このように、①「引き金」は容器包装リサイクル、②「量的貢献」では市民・事業者による古紙等の自主回収や発生抑制、③「締めくくり」は破砕や溶融などの技術的な努力という三位一体が、名古屋のごみ埋立量を激減させたのだ。

名古屋のごみは、なぜ減った？

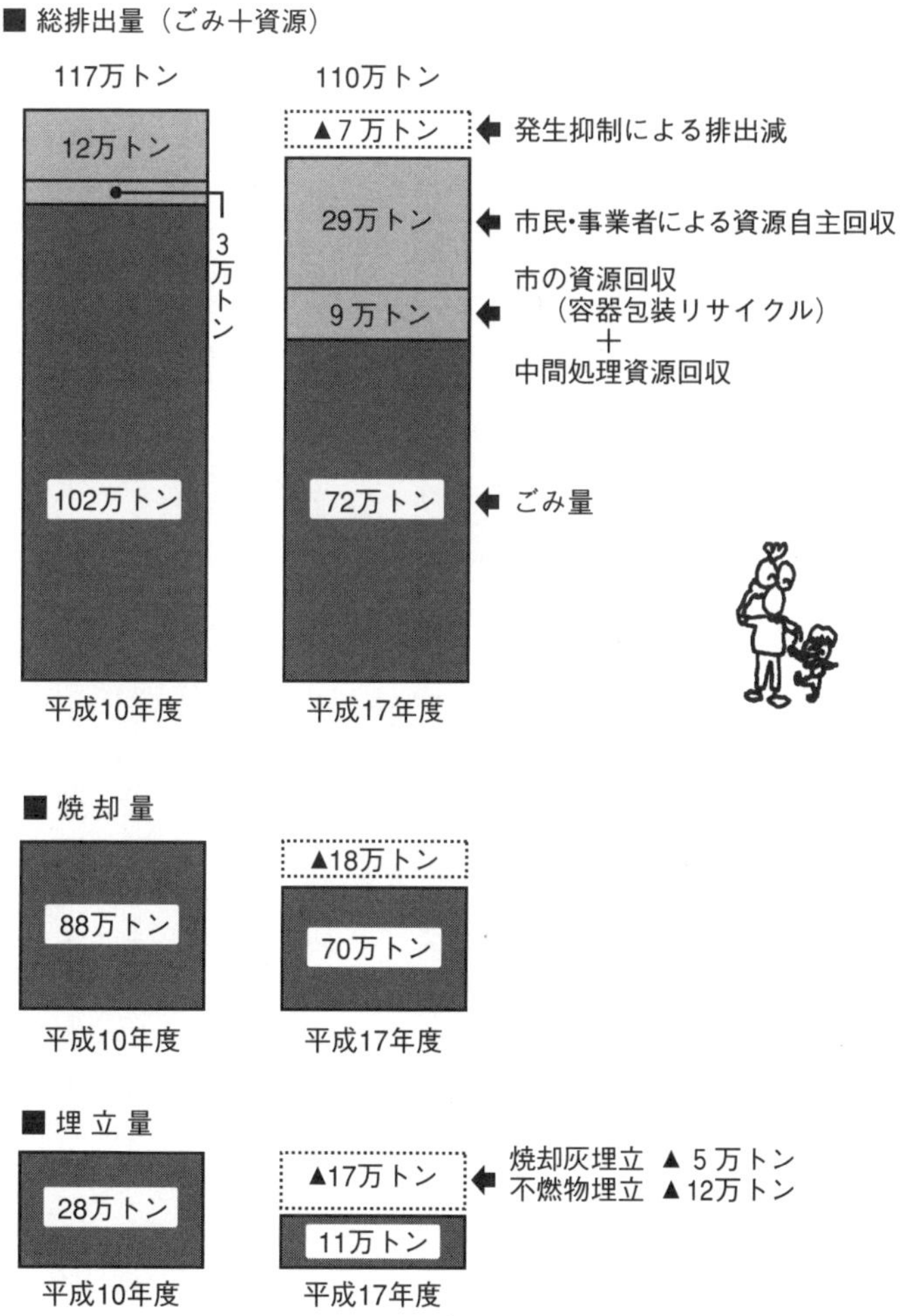
■ 総排出量（ごみ＋資源）
117万トン
110万トン
12万トン
3万トン
102万トン
▲7万トン
29万トン
9万トン
72万トン
発生抑制による排出減
市民・事業者による資源自主回収
市の資源回収
（容器包装リサイクル）
＋
中間処理資源回収
ごみ量
平成10年度
平成17年度
■ 焼却量
88万トン
▲18万トン
70万トン
平成10年度
平成17年度
■ 埋立量
28万トン
▲17万トン
11万トン
焼却灰埋立 ▲5万トン
不燃物埋立 ▲12万トン
平成10年度
平成17年度

埋立ゼロへの挑戦

いま、平成十三年に策定した第三次「ごみ処理基本計画」の改定を準備している。今後の主な課題としては、①発生抑制（ごみと資源をあわせた総量の抑制）、②埋立ゼロへの挑戦、③生ごみ資源化、④地域協力・地域協働による3R（リサイクル、リユース、リデュース）の促進などがあげられる。

先にふれたように、現在の埋立量は年間十一万トン。このうち不燃物は二万トンで、残り九万トンが焼却灰などの焼却残さだ。したがって、焼却灰の埋立量をいかに減らすかが第一の課題だ。可燃ごみは、燃やせば消えてしまうわけではない。炭素分や水素分は二酸化炭素や水蒸気となって大気中に放出される。燃えない灰分は、炉の中に残る。これが焼却灰であり、燃やしたごみの十五パーセントくらい発生する。

従来は、これをそのまま埋めていた。最近では、これをさらに焼き固め、砂粒状の溶融スラグにする処理方式を徐々に導入している。溶融処理のねらいは、第一に、容積が半減するため埋立処分場の必要量が半分になること、第二に、ガラス状に固まるため、微量に含まれる重金属等の安定・無害化が図れること、第三に、溶融スラグは道路の路盤材などに資源化できることだ。

富田、南陽、猪子石、五条川という四つの焼却工場のうち、いちばん新しい五条川工場は焼却灰の溶融設備を持っている。五条川工場のほか民間の資源化工場にも溶融処理を委託しているが、まだ全体の一部に過ぎない。それでも、毎年約一万トンの焼却灰の埋立を回避している。また溶融飛灰というススのようなものの資源化も試みている。数百トン程度ではあるが、この中には有用な金属が多く含まれているため精錬所へ送って資源化している。これは、山元還元と呼ばれている。

平成二十一年度完成をめざして改築中の鳴海工場では、ごみの焼却と溶融を一体で行うガス化溶融炉という方式を採用することになっている。これが完成すれば、五条川工場などとあわせて焼却灰全体の約七割を溶融処理することが可能になる。また、鳴海工場のガス化溶融炉では破砕不燃物の溶融も行う予定だ。破砕不燃物は従来そのまま埋め立てていたが、溶融すればスラグやメタルとして資源化が可能になる。

このように、埋立以外に方法のないものだけを埋め立て、その他のものは有効利用するというのが大きな方針だ。しかし、そのためには施設の更新が必要であり、どのようなペースで設備投資を行っていくかが重要な判断となる。

また、焼却炉などのプラントの耐用年数は二十年ほどだが、建物の耐用年数はもっと長い。そこで今後の改築にあたっては、プラントだけを入れ替えて、既存の建物については有効活用するというのが基本的な考え方だ。

生ごみ資源化の模索

生ごみはごみ量の四割近くを占め、家庭系で十六万トン、事業系で十一万トンと推定されている。古紙の七割、飲料容器の九割、プラスチック製・紙製容器包装の六割が資源化されるようになった今日、次の挑戦課題は生ごみだ。

ただし生ごみの資源化は、空き缶をアルミや鉄に再生したり、古紙を再生紙にするのとはちょっと違う。おまけに、堆肥化、飼料化、メタンガス化などさまざまな方式がある。そこでまず、基本的な点を整理してみた。

〈埋立量〉生ごみの八割は水分なので、焼却灰発生率は通常の可燃ごみの場合の五分の一程度にすぎない。したがって、堆肥化・飼料化による埋立量削減効果はさして大きくない。メタンガス化の場合は、炭素分や水素分がガスに変わり、灰分が残さとして残る。物質収支の点では焼却と同様なので、埋立量は焼却の場合と基本的に変わらない。

〈焼却効率〉生ごみの八割は水分なので、これを蒸発させるために焼却エネルギーの多くが消費されている。したがって、焼却ごみの中から生ごみを除けば、焼却工場の発電効率が向上する。この点は、生ごみ非焼却の大きなメリットのひとつだ。

〈二酸化炭素〉CO_2削減効果は、メタンガス化が最も大きい。生成ガスがエネルギー資源として活用できるからだ。なおメタンガス化には、湿式と乾式がある。売電効果は乾式の方が高いが、発酵槽が巨大となる。どちらも実用プラントがまだ少ないため、本格的な評価は今後にまつ必要がある。

〈コスト〉堆肥化・飼料化のほうが、メタンガス化よりも低廉。

〈分別の精度〉求められる精度は飼料化が最も厳しく、メタンガス化は比較的ゆるやかだ。

〈生成物の使い道〉メタンガス化、飼料化、堆肥化の順に確保が容易。

後にふれるが、ごみや資源の処理コストの中で最も比重の大きいのは、収集コストだ。分別すればするほど収集コストは増大する。だから、コストの点だけから見れば、現在のように焼却するのが最も経済的だ。

しかし、コストがかかっても埋立量削減を迫られたように、生ごみの有効利用は今後の重要課題だ。その際、ごみか資源か、○か×かという単純な発想ではなく、長期的な可能性と現在の技術水準の双方をわきまえた判断が必要だ。

生ごみは、どんな処理をしても最終的には、二酸化炭素や灰分として大気や土に帰る。だから、自然に帰す前に「もう一働き」させるにはどうしたらよいかということだ。また堆肥化といっても、家庭生ごみの場合には土壌改良材と割り切ったほうが良さそうだし、メタンガス化にしても一般の発電所ほどの効率を期待するわけにはいかない。環境効率のよいごみ処理方法のひとつであり、同時に何がしかの有用物も得られるくらいの控えめな評価で臨んだほうが、間違いが少ないように思う。

どの手法にも一長一短があるが、飼料化や堆肥化は顔の見える関係、すなわち事業系生ごみや地域有志のネットワークに向いているように思う。一方、不特定多数を相手にする行政収集には、メタンガス化が向いているのではないか。

大規模事業所の生ごみについては、平成十三年に日量百トン規模の民間堆肥化工場が稼動したこともあって、資源化率が二割に近づきつつある。二つ目の民間工場も、平成十八年はじめに都市計画決定が終わって着工準備に入っている。そのほかにも、いくつかの動きがあるようだ。飼料化やメタンガス化についても、他都市で中・大規模工場が稼動し始めている。プラントの効率については、こうした事業系生ごみを対象とした民間工場の成果を十分見極めたいと思っている。

家庭系については、平成十三年以来、モデル事業を重ねている。二百世帯から始まって徐々に対象地区を拡大しており、平成十八年度は一万世帯をこえる予定だ。モデル地区の皆さんは大変熱心で、分別の精度も高い。生ごみ分別を始めてから食材を余分に買いすぎないようになったとか、食材を使い切るようになったという声も聞いている。

ただ四割くらいの方が分別を面倒に感じておられるのも事実だ。また、においや生ごみの置き場についての悩みもあるようだ。生ごみのにおい対策には水分調整材を使うのだが、その配布が地域役員の負担にもなっている。

そこで、平成十八年度から始める地区では水分調整材ではなく腐敗防止効果のある袋を実験的に使う予定だ。現在は、市民の方に使っていただく前に、まず環境局の職員が新しい袋の効果と使い勝手を試している。

こうしたモデル事業の結果を踏まえて市民の取り組みやすさを検討するとともに、民間プラントの稼動実績を参考にして、「都市部に適した生ごみ資源化」についての方針を定めていきたいと思っている。

夢としては、東西南北に一か所くらいずつ生ごみ資源化工場を設けることだ。生ごみ処理は発展途上の技術なので、一気にワンパターンで整備することは好ましくない。時間差を設けて、その時々の最新の技術的成果を取り入れながら順次施設整備を進め、次第に、生ごみに限らずバイオマス（生物資源）全般の資源化センターに育てていけないかと夢見ている。

また、焼却工場との併設も有効だといわれている。焼却工場は大量の熱を生み出すが、発電や温水プールだけではとうてい使い切れない。焼却工場が都心部にあれば地域冷暖房などに活用できるのだが、そうもいかない。やむなく、大量の熱エネルギーを排熱として大気に放出している。この排熱を生ごみ資源化工場で利用すれば、総合的なエネルギー効率が高まって地球温暖化防止にも貢献できるのだ。

余談だが、最近、ガソリン価格上昇によってエタノールなどのバイオ燃料が注目を浴びている。

バイオ燃料の利用は石油依存を減らす上で重要な方策だが、原料のさとうきび増産のために森林伐採が促進されたり、食糧利用とのバッティングを懸念する声もある。バイオマス（生物資源）利用は、耕作面積拡大にまい進する前にまず産地で大量廃棄されている未利用資源の活用を考えるとか、省エネ努力を平行させるといった心がけを忘れると、新たな環境問題を招きかねない。

環境問題に取り組むときは、たえず腹八分というか、二分の冷静さを残しておくことが大切に思う。一つのことを強力に推し進める場合でも、他の分野で発生するであろう副作用を十分意識し、全体としての環境改善をめざすのが「環境首都」なのだと思う。

資源化貧乏のその後

市によるごみと資源の扱い量（収集搬入量）は、平成十年度には合計一〇五万トンだった。平成十二年度には、これが八十五万トンに減った。二割近い減少である。だから、誰もがごみ・資源の収集処理経費も大きく減るだろうと期待した。ところが逆に、三十五億円も増えてしまった。

直接費のうち、ごみにかかわる部分は減ったが、資源にかかわる部分が三倍以上にふくらんだ。当時、ごみの収集処理原価は一トンあたり六万円、資源の収集処理原価は十万円弱だった。割高な資源が大きく増えたため、減量効果を帳消しにした上さらに余分な経費がかかってしまっ

ごみ・資源の処理経費の推移

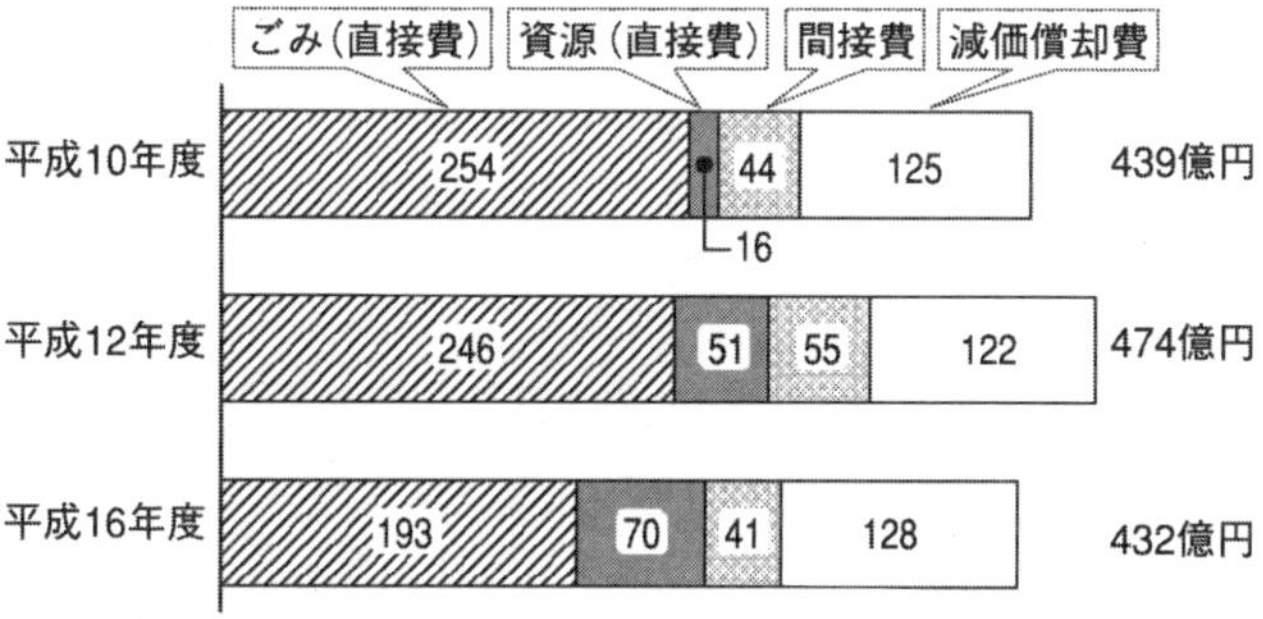

（注）平成10年度　ごみ収集搬入量 103万トン、資源収集量 2万トン
平成12年度　同　80万トン、　同　6万トン
平成16年度　同　73万トン、　同　8万トン

収集処理コストとCO_2排出量の内訳

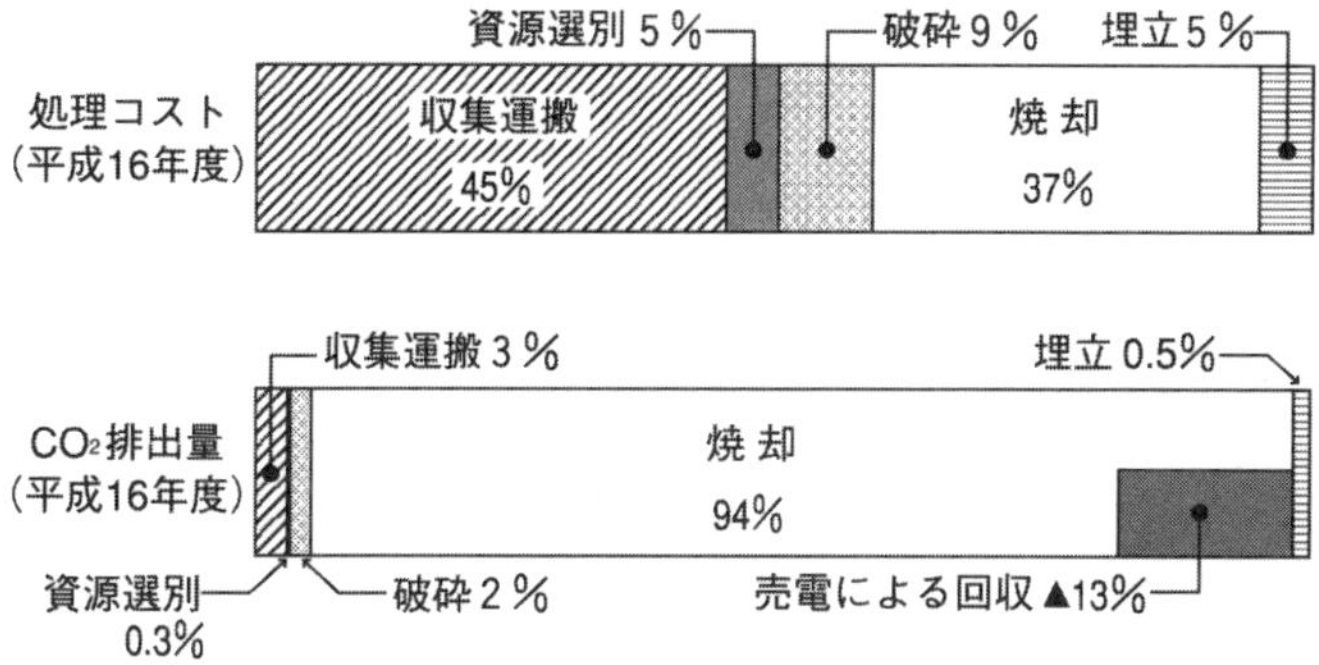

たのだ。なお平成十二年度には、臨時的な要素として間接費が大幅に増加した。容器包装リサイクルや家電リサイクルなどあいつぐ制度変更があり、それを周知徹底する経費が大きくかさんだのだ。

名古屋の場合には、集団資源回収の活性化などによって、収集搬入量が二割近く減った。だから、あの程度の負担増で済んだ。もし、単純にごみから資源にシフトしただけだったら、負担増は百億円に迫ったに違いない。

こうした現象を、我々は「資源化貧乏」と呼んだ。事実を素直に表現しただけだったが、全国的なインパクトは強かった。我々としては、資源化や分別の細分化にはコストがかかる、直接負担するのが誰であろうとも社会全体としてコスト増を覚悟しなくてはならないという事実を、知ってほしかったのだ。

このように分別・資源化にはコストがかかる。とはいえ、市民に分別や自主回収などで多大な苦労をかけながら、財政支出も増えましたでは申し訳が立たない。この間、収集車輌の借上げ（運転士の外部委託）、収集作業の一人体制化（ペットボトル、プラスチック製容器包装）など、コスト圧縮に努めてきた。このため近年の処理経費は、平成十年度水準を若干ながら下回るようになった。収集搬入量が二割以上減少したおかげでなんとか、経費を従前並みに抑えこむことができたというのが、この間の決算だ。

分別収集のコストと環境効果

ところで、分別を細分化するとなぜコスト増になるのか、一般にはわかりにくいと思う。そこで、簡単な算数をやってみよう。

ある地域から出るごみが六トン、この地域の収集経路の延長が十キロだとする。収集車は、三トンのごみを積むと満杯になるので、一回に五キロずつ走って二回転していた。

さて、六トンのごみを分別することになった。Aごみ三トン、Bごみ三トン、ちょうど半々だとする。分別されたごみは一緒に収集することができないので、Aごみ三トンを収集するために、収集車は従来の二倍の十キロ走らないといけない。一世帯あたりの排出量が半分になるので、二倍の世帯数を回らないと満杯にならないからだ。Bごみについても同様だ。全体の走行距離は従来の二倍の二十キロになるので、収集時間も二倍、したがって車輌コストや人件費も二倍になる。「ごみ量は変わらないにもかかわらず、経費は二倍」になってしまう。

「そんな馬鹿な、お役所仕事だからじゃないか?」と思われるかもしれないが、役所がやっても民間がやっても、同じ計算になる。不本意でつらいけれども、これが事実なのだ。同様に、ステーション収集か各戸収集かという収集方式の違いによっても、コストは大きく変わってくる。その差は、やはり半端ではない。

では、コストを増やさずに分別する方法はないのだろうか? 収集頻度を半分にする、たとえば週二回収集を週一回収集に減らせば、一世帯一回あたりの排出量は変わらないので、収集コストは従来どおりですむ。このように、コストとサービスは相反する関係にあるところが悩ましい。

実際には、収集したごみを焼却工場に運ぶ時間や環境事業所の固定費などがあるので二倍まではいかないが、「たかが二つに分けるだけ」ではないことがおわかりいただけたと思う。

また、可燃ごみ収集がA地区は月・木、B地区は火・金、不燃ごみ収集はAB両地区とも水曜日といった具合になっているのは、曜日による作業量を平準化して車輌や人員の必要数を最小限にするためのやりくりなのだ。さらにいえば、同じ可燃ごみでも月曜と木曜では排出量が違う。月曜には四日分、木曜には三日分のごみが出るので、作業効率が三割も違ってくる。現場では、これらを勘案したやりくりを行っているのだ。

細かいことにふれてしまったが、このように「収集」にこだわるのにはわけがある。収集コストが全体の半分近くを占めているからだ。

今日、生産の多くは機械やエネルギーがやってくれる。しかし、生産し消費した後のごみ処理やリサイクルは、分別・収集・選別など人手に依存している。分別は市民による人海戦術、収集・選別は市町村による税金を使った人海戦術だ。堺屋太一さんが「循環型社会とは、機械やエネルギーを人手に置きかえる社会だ」と言ったことがあるが、まさに、その通りだ。

容器包装リサイクル法に関連して、業界団体や環境省などから「名古屋市さんは資源化貧乏というけれども、埋立処分場などへの投資が減ったでしょう」と、よく言われる。しかし、こうした発言は現場をわかっていない人の言うことだ。分別収集や資源選別、不燃ごみ破砕、焼却灰溶融など手間やコストのかかることを必死でやって、その合わせ技でようやく埋立量は削減できる。分別ルールを変えただけで、オートメーションのように減ったわけではない。

「分別収集もいいけれど、収集車が何台も走り回るとCO_2がかえって増えてしまうのではないか?」という質問も、よくいただく。しかし、CO_2排出量のうち、収集の占める割合は三パーセントにすぎない。圧倒的に大きいのは焼却だ。焼却量が減ったおかげで、ごみ・資源の収集処理にともなうCO_2排出量は、この間に四割減った。このように、コストの点では収集、CO_2の点では焼却が鍵を握っている。

容器包装リサイクル法の改正

現行の容器包装リサイクル法に対して、我々は、次のような問題点を指摘し、改善を求めてきた。

①法による容器・包装の定義が市民感覚にあわない（わかりやすい「素材別リサイクル」に改善すべきだ）。

②複合素材が多いなど、大半の容器包装が分別・リサイクルに配慮していない（生産・流通

段階での改善や発生抑制を促進すべきだ）。
③家庭消費と全く同じ容器包装であっても、職場で排出した場合は法の対象外になる（排出場所にかかわらず、容器包装リサイクル法のルートに乗せるべきだ）。
④最も手間と経費のかかる収集・選別が市町村＝納税者負担になっているため、発生抑制の動機づけが働かない（すべての環境コストを事業者負担にするなど、ドイツやフランスの制度のように拡大生産者責任を徹底すべきだ）。
四点目については、市町村と事業者の間の負担の押しつけあいという誤解がある。しかし我々は、そんな狭い考えで主張しているのではない。

「すべての環境コストを事業者負担」にするのは、「すべての環境コストを商品価格に反映」し、「消費者が消費量に応じて負担」する仕組みにするためだ。環境コストを商品価格に反映すれば、環境コストの少ない商品への改善が進む。これに対して、現在のように税金で環境コストを負担している限り、商品の改善は進みにくい。このように市場経済のメカニズムを活用して環境改善を促進し、「努力した市民や事業者が報われる社会」をめざそうというのが「拡大生産者責任」の考え方であり、我々の主張なのだ。

これは、②とも関連している。消費者は分別することはできるが、容器包装そのものを減らすことはできない。「消費者の分別に頼る大量生産・大量リサイクル」の道ではなく、「事業者にしかできない生産・流通段階での改善」を促進し、容器包装の発生を元から抑制することが必要なのだ。

ともあれ、現行の容器包装リサイクル法に対しては、市町村、市民、事業者それぞれの立場からさまざまな改善提案がなされていた。二年間ほどの議論を経て、平成十八年六月、容器包装リサイクル法が改正された。総じていえば、「まだまだ不十分ではあるものの一歩前進」というのが率直な感想だ。

改正点の第一は、「事業者の排出抑制を促進するための措置」の導入だ。一定量以上の容器包装を利用する事業者に対し容器包装削減状況の報告を義務づけて、勧告、公表、命令ができる規定が設けられた。詳細は政省令で定めることになっているが、小売業者のレジ袋や紙袋、トレイなどが削減対象として想定されているようだ。

名古屋での排出状況から推定すると、容器包装のうち生産段階のものが五割、飲料容器が三割、小売段階のものは二割だ。だから、対象を小売段階に絞ることには疑問がある。ただし、小売段階での容器包装削減には消費者も参加しやすいので、制度改善のとりあえずの一歩と受け止めたい。実効性ある制度運用がなされるよう、皆で注視していくことが必要だ。

第二に、「事業者が市町村に資金を拠出する仕組み」も創設された。現在、自治体が収集した容器包装は容器包装リサイクル協会が引き取り、リサイクルしている。そのリサイクル経費は、容器包装を使用した事業者（メーカーや販売店）が、委託料として容器包装リサイクル協会に対して支払っている。従来、実際にかかったリサイクル経費の方が委託料よりも安かったときには、事業者に返還されて来た。今後はその一部を、分別収集に努力した市町村に拠出しようというものだ。「環境コストを商品価格に反映して、環境コストの少ない商品への改善を促進しよう」という我々の主張に比べると、矮小化された感を否めない。しかしこれも、従来より一歩前進には違いない。

なお、「素材別リサイクル」や「職場で排出した容器包装もルートに乗せるべき」などの主張については、残念ながら今回は実現しなかった。今後も粘り強く制度改善を働きかけていきたい。

市民相互の議論と合意形成

これまで何度もふれたように、名古屋のごみ減量には地域の力がすごく大きかった。それだけに、地域役員への負担の集中などの問題も起こっている。また今後は、分別・リサイクルだけでなく「まず発生抑制、次に再使用、そして最後にリサイクル」という「3R」の取り組みの総合的な推進が必要になっている。これらの点について、平成十八年六月、「循環型社会に向けた地域協力・地域協働のあり方検討会」（委員長：中田實愛知江南短期大学学長）から提言をいただいた。

提言は、次のような内容だ。

〈集積場所の管理〉分別指導や集積場所の管理は特定の地域役員の負担とせず、地域を構成するすべての人が関わり取り組むことが必要である。

〈行政の支援〉地域の力だけでは対応が困難な場合、過渡的な措置として分別指導員などを活用した行政の支援も必要である。

〈3Rクラブ〉循環型社会や地球温暖化防止などの「新しい課題」に取り組む「新しい層」の受け皿として、地域の状況や自主性にもとづいた「3Rクラブ」のような組織を設けることが必要である。

〈環境事業所の機能強化〉3R情報の提供や環境教育など環境事業所の機能を強化するとともに、平日の朝に資源を排出することの難しい人のために、土日に資源を持ち込める場を環境事業所に設けるよう検討する。

〈資源の収集方式〉資源の各戸収集については保健委員会からの要望が強いが、現在のステーション収集を継続し、集積場所を地域全体で管理することによって地域協力の核、住民相互のつながりをはぐくむ場として生かしていくことが必要である。

こうした地域協力・地域協働のあり方については、「市民と行政の間の合意形成」もさることながら、「市民相互の合意形成」が決定的に重要である。

また、非常事態宣言後に始めた取り組みの多くが、いま安定期に入りつつある。次の飛躍をめざすには、将来の循環型社会についてあらためて議論する必要がある。行政が定めるルールといった狭い範囲の話ではなく、ライフスタイル全般をどう展望するのかなど、市民相互の議論が必要だと思う。分別の徹底のときのような大議論、価値葛藤が確かな行動を生む原動力となることを、私たちは五年間の実績から学んだ。

そんなことから、平成十八年度から十九年度にかけて策定作業を進める第四次の「ごみ処理基本計画」の検討にあたっては、「市民相互の議論の仕組み」を取り入れたいと思っている。

この手法は、以前、名古屋大学の柳下教授（現在は上智大学教授）や中部リサイクル運動市民の会の萩原さんなどが中心になって、実験的に試みたことがある。その経過は、平成十七年秋に開催したなごや環境大学のまちづくりシンポジウムで報告された。今回は、それをもう少し本格的に応用できないかと思っている。

まだ新しい手法なので、どのような展開になるのか未知数の点もある。しかし、ごみ問題は建前の押しつけでは解決できない。「本音の議論、本音の納得」がないと、「本音の協働」はできない。だから、今回の試みによって市民相互の本音の議論が掘り起こされ、市民相互の合意形成の第一歩になればと期待している。

第二章 「愛・地球博」が残したもの

一　生まれ出ずる悩み

誘致に協力するためモナコへ

平成九年四月、名古屋市長に初当選。落ち着く間もない六月、平成十七（二〇〇五）年の国際博覧会の開催地を決めるＢＩＥ（博覧会国際事務局）総会が開かれるモナコへと飛んだ。愛知万博の誘致は昭和六十三年から前愛知県知事の鈴木礼治さん、前名古屋市長の西尾武喜さん、中部経済界の代表らによって始まり、いま、まさに開催地が決定しようとしていた。下馬評では愛知とカナダのカルガリーとの一騎打ちだと目されていた。

カルガリーは森林を最大限に生かした会場作りを提案し、いま振り返るとあちらのほうが自然の叡智にふさわしいようなコンセプトだった。そのころ、こちらは「開発を超えて」をテーマにしていて、環境への着目はまだまだだったように思う。跡地の住宅開発が問題となり、ＢＩＥから「あなた方は地雷の上に乗っている……」との指摘を受けるなど大論争となり、環境万博へと本格的にシフトしていくのは数年後のことになる。

さて、私は議会を終えるやいなや、パリへ飛び、飛行機を乗り継いでニースから車でモナコへ入り、くたくたになってホテルの部屋に着いた。現地時間は午後二時。風呂にでも入って少し休もうとしたら、鈴木さんが、「休んどったら困るがね。これからホテル回って、外国人見つけたら、とにかく握手求めて抱きついて、『ジャパーン』『アイチー』『ナゴヤー』と言ってちょうだい」とおっしゃるので、目をこすりながら出かけた。

票を固めるために駆り出されたわけだが、私がどれくらいお役に立てたかはわからない。政治家では当時、自由民主党副総裁の小渕恵三さんが来ておられたが、ほかに影響力のあるのはやはり海外に進出している企業だろう。トヨタ自動車名誉会長の豊田章一郎さんはコスタリカの名誉総領事を務められていた。またコスタリカにはトヨタ系ディーラーもあるとお聞きしており、私たちには貴重な一票となる。中部電力は石油を買っているカタールのところへ行き、「これからも愛知をよろしく」とアピールしていた。

私は、名古屋のあるロータリークラブがパラオに太陽光発電の街灯を贈っている関係で、大統領にあいさつに行った。大統領はものすごく力の強い人で、握手した手がしびれてしまった。結局、私は三つのホテルを回って、握手と「ジャパーン、ナゴヤー」を繰り返した。ホテルに戻ったら深夜の十二時。食事を取ろうとしたが、どこのレストランも日本人がすべて食べ尽くしたあとだった。

六月十二日の開票当日になってもなかなか票は読めなかった。というのも当初、投票権のある国は五十か国くらいだったので二十五票取れば過半数だといわれていたのが、有権者の数は日に日に増え、最終的には八十一か国にまでふくれあがったためだ。

名古屋は昭和六十三（一九八八）年開催の夏季オリンピックの最有力候補といわれながら、まさかの逆転でソウルに負けた。そのため、ここでまた負けたら立ち直れないという危機感があった。私は途中参加のため、言われるまま闇雲に走っただけだったが、周囲の切迫感や悲壮感は十分に伝わってきた。

翌日の投票は、日本五十二、カナダ二十七、棄権一、無効一と、カナダの二倍近くの票を得て勝利した。その後、愛知万博への参加国第一号にカナダが名乗りを上げたときは、偉いと思うと同時に国としての懐の深さを感じた。

迷走する万博のテーマ

博覧会の開催が決まったはいいが、あらゆる面で迷走が続いた。会場は当初、瀬戸市の海上《かいしょ》の森をメインにするつもりが、絶滅危惧種のオオタカの営巣が確認されたことや住宅開発への批判などから、長久手町の青少年公園を主会場とし、会場面積も当初の約三分の二の百七十三ヘクタールに縮小することになった。海上の森は何度か見に行っていたが、私は内心、高低差がかなりあるので、こんなところに何万人もの人が通る回廊をどうやって造るのだろうと思っていた。いまから思えば、会場、経費などさまざまな課題をクリアするために、オオタカをうまく使ったといえるかもしれない。その後、着々と準備を進めてはいたが、国内ではちっとも盛り上がらなかった。経済産業省が垂れ幕を作ってくれたが、東京での知名度はすこぶる低かった。モリゾーとキッコロのバッジを付けていても、「それ何?」と言われる始末。困って、元気を出そうと最高顧問に堺屋太一さんを担ぎ出したり、日本財団の曽野綾子さんに寄附金をお願いしに行ったりした。

二十一世紀型の万博とは何かという議論から、開催の意義そのものを問う意見も出ていた。情報通信が発達したこの二十一世紀に、多くの人を一か所に集める意味があるのか。インターネットなどを駆使した万博はできないのか。バーチャル映像の最たるものを作ったらどうか、などなど。

堺屋さんは大変乗り気で、ヘクタールビジョンを提案された。これは高さ百メートルのビルの壁面をヘクタール、つまり百かける百メートルの巨大なモニターにしてしまうというものだった。

私は、「環境万博としていくべきであり、それはいかがなものだろうか」と憂慮した。そんなに巨大な画面だと光公害が起きるだろう。鳥がぶつかったらどうするのか。また、そんな大きな壁面を持つ建物に、何万もの人が同時に入場することになるだろう。猛烈に高速なエレベーターが動くことになる。もし事故が起きたらどうするのか。どうやって乗っている人を避難させるのか。タワーリング・インフェルノの騒ぎどころではない……。

また、長久手会場を周辺にさらに広げる提案もあったが、用地買収など行政的な対応が制度的にも時間的にも不可能であった。そんなやりとりがあるなかで、堺屋さんは最高顧問を退かれた。

このようなことを経て、二十一世紀はやはり環境の世紀だから、持続的な未来、持続的な発展ということを提案すべきだと、環境万博の方向がはっきりしてきた。「自然の叡智」をテーマとして、地球大交流で進める「愛・地球博」として基本計画が発表された。めざすべき道筋がついたのである。

私はこの変更には、藤前干潟の埋立断念以降の名古屋の苦労が反映されていると思っている。もっといえば、万博のテーマや会場が変わったのは、名古屋のごみ革命があったからだと密かに自負している。

大交流の舞台づくり

私は、万博を機に名古屋は大交流の舞台づくりをしなければいけないと考えていた。交通インフラの整備と人々が滞留できる魅力的拠点の整備である。入場者が二千二百万人になるとは予想していなかったが、当初予想の千五百万人としても、その方たちには会場までスムーズに移動していただきたい。会場までのアクセスをよくするには関係自治体すべての協力が必要だが、とくに名古屋は別に希望を持っていた。名古屋を素通りするのではなく、名古屋を存分に楽しんで滞留してもらうように面的な広がりを持たせ、動き回ってもらえるようなインフラの整備をしようと考えたのだ。交通インフラだけでなく、「文化のみち」のように名古屋の魅力、とくに武家文化、大名文化など、歴史的な文化資産を紹介する魅力的拠点の整備をした。徳川園、川上貞奴邸などは人気を博した。新しい都市の魅力が加わったのだ。

交通インフラでは、まず地下鉄の環状線が開催年前年の十月に完成。それから名古屋駅から港までを鉄道で結ぶあおなみ線も開通させた。

そして私の市長就任以来の悲願だった名古屋高速二号東山線の名古屋インターまでの接続と、広小路通の拡幅である。東西の背骨を何が何でも通したかったのだ。高速道路は東山公園の地下も通る素晴らしいものである。また、広小路通は東西を貫通しているが、覚王山から東山にかけて道幅が狭くなるため絶えず大渋滞していた。道路というのはどこか一部だけ狭くなっていたり、つながっていなかったりすることで、それよりそうとう手前から渋滞してしまう。その不便を解消したかったのだ。

名古屋高速二号東山線では東名阪道とネットワークすることを目標に、一気に全部通すということをした。渋滞解消が環境面でも大きく貢献することはいうまでもない。

そのため万博の長久手会場へは、二号東山線の高針から東名阪へ、上社ジャンクションから次は東名高速に入り、日進ジャンクションから名古屋瀬戸道路、長久手インターへと、すべて高速道路で通行することが可能になった。

あおなみ線は、名古屋駅のすぐ南側にささしまライブという駅を設けた。笹島というのは幾本もの高架鉄道と高速道路に囲まれた広さ約二十二ヘクタールの三角地帯だが、万博期間中、ここを万博サテライト会場として使用した。会場名デ・ラ・ファンタジアとは、夢のような楽しいときを過ごしてもらいたいとの意味を持つ。名古屋弁のでら（＝どえらい）ともかけてあった。子どもたちに大人気を博したポケモンの遊園地や恐竜の骨格標本の展示、手塚治虫のコスモゾーンシアターなどさまざまなアミューズメントや、ネキスポシティ・シンフォニーを中心とする市民参加の多彩なイベントが連日催され、最終的に三百五十万人が来場した。ネキスポシティ・シンフォニーとは、Nagoya, Nippon, New, Nature の頭文字Nと博覧会（Expo）を組み合わせ、市民の皆さんと一緒になってまちづくりに取り組む（シンフォニーを奏でる）という意味を込めた造語で、市民参加で愛・地球博を盛り上げ、ひいては名古屋の街を盛り上げようと進めた事業である。

大交流の舞台の上で、市民参加は確実に進んだ。そして、ごみ減量で培われた協働のＤＮＡは、愛・地球博を通して市職員の間にも確実に浸透し、進化を遂げた。

肝心の名古屋市パビリオン

ごみ減量で市民の底力を見せつけられていた私は、名古屋市のパビリオンを行政主導のものにはしたくないと思っていた。というより、行政主導ではできないと感じていた。そこで、まずは基本的な方向を検討するために、有識者で懇談会を開催した。この懇談会は、「真っ白なキャンバスに、思い思いの筆と絵の具で自由に描いて一つの形にしてもらう」という趣旨のもと、フリートーキングで行った。平成十三年十月から平成十四年三月までに四回開催し、そのなかで出展テーマ「日本のこころ、地球のいのち」が決まった。

そして、それを具現するものは何かといった議論をしたとき、大木にしようという意見が出た。屋久島の縄文杉のような太古の昔から生き続ける巨木には、日本人は神が宿るとして信仰心を抱いていた。大木は神のよりしろ、日本人の心のよりしろであるならば、名古屋市はそれをパビリオンとして出そうという話になったのだ。座長が哲学者の山折哲雄先生だったので、当初はそんなふうに哲学的発想が強かった。

そこで四十メートルとか六十メートルの生きた巨木を輸入し、亭亭とそびえ立つように植える。それだけで立派なパビリオンだから、客は周りから眺めているだけでいいということだった。コンセプトはわからなくはないが、技術的には困難なのではないかと私は思った。植物検疫はどうなるのか、根を枯れさせないようにどうやって運ぶのか、そんな巨木を運ぶ船はあるのか、もし枯れたらどうなるのかなどと、さまざまな意見が出て、結局、巨木パビリオンは技術的に検討するまでもなく立ち消えとなった。

そのうち、歌手の藤井フミヤさんから「万華鏡のようなものはどうでしょう」という意見が出てきた。いいアイデアだった。「万博のなかで、ほっとできるパビリオンがあってもいいんじゃないですか。川のせせらぎや風の音とか、日本的な色彩だったり、五感に訴えるような」という藤井フミヤさんの考えが賛同を呼び、癒しの空間を作ろうということになった。暑い中、歩いてきた人が三角柱の塔に入って天井を見上げると、そこには巨大な万華鏡が幻想的な動きを見せている……。子どもにもお年寄りにも喜ばれるパビリオンになりそうな気がした。

この構想を発表したときには、万華鏡が「なぜ自然の叡智か」「環境万博にふさわしいか」「太陽の塔の焼き直しではないか」という批判の声も聞かれた。また、製作の途中でも不具合が多く、万華鏡の動きがぎこちなく隙間もあるという状態で、かなり心配もした。しかし、総合プロデューサーをお願いした藤井フミヤさんと製作スタッフたちは、実に粘り強くテーマについて議論し、光、水、風という自然を感じさせる空間を作り上げていった。

完成前にこんなことがあった。皇太子殿下は愛・地球博の名誉総裁という大役を担われていたこともあり、開幕前から何度も会場を訪れていらっしゃる。長久手会場のグローバルループがだいたい完成したとき、ご案内したことがあった。北ゲートに近いいちばん高いところからは、建設中の「大地の塔」が見えた。大地の塔は工事が遅れていたので、まだ半分しかできあがっていなかった。

殿下が「あれは何ですか」ときかれるので、「名古屋市のパビリオンで大地の塔と言います。中は万華鏡になっています」と答えると、「万華になりますか?」とおっしゃった。

「いや、勘定できないからわかりませんが、万華は無理かもしれません。二千五百華ぐらいならいくかもしれません」

ちょっといい加減かなと思ったが、実際私にもわからないのでそう答えたら、殿下は、「そうですか」と小さく笑われた。

二　二十一世紀は環境の世紀

ナショナルデーの環境談義

万博会場でナショナルデーを主催した国を、その日の夜名古屋市内のホテルにお招きして労をねぎらう地元交流レセプションが行われていた。そのなかで、とくに印象に残った国のことを紹介したい。

コンゴ共和国では「木の日」というのがあるのを大臣から聞いて驚いた。アフリカは豊かな自然が残っていると思いがちだが、大陸の中央部は伐採が進んで熱帯ジャングルがかなり失われているという。このままでは、二〇四〇年までにコンゴ盆地の緑の七割がなくなってしまうらしい。とくにコンゴでは首都のブラザビルは都市化され、木が減ってしまった。そこで緑を復活させるために木の日を制定し、すべての国民が一年に一本、木を植えているそうだ。緑は少しずつ回復しているという。大臣は小さな努力が大切なのだと力説された。素晴らしいことだ。

ひるがえって日本はどうか。みどりの日が四月二十九日（平成十九年からは五月四日）にあるが、ゴールデンウィークで一斉に帰省や行楽に出かける。高速道路は大渋滞でCO_2大量発生、膨大なごみも出る。もっと自然、環境ということを考える日になればいいと思う。コンゴの木の日のアイデアをアレンジして、「西の森づくり」に活かせないか。「西の森」とは、市内西部の戸田川緑地で進めている森づくりだ。入学の祝いに、結婚の思い出に、還暦の記念に……木を一本というような運動が盛り上がればと思っている。これについては、第五章であらためてふれたい。

フィジー諸島共和国の首相の話は深刻だった。フィジーは南西太平洋の中央部（メラネシア地域）にある。太平洋に捨てられた廃棄物が海流に乗ってどんどん海岸に流れ着くのだという。廃棄物とは、近代産業が作り出し我々が便利だと使っているものだ。それらのなかには自然に分解しないもの、毒性を持つものがある。たとえばポリタンクやボンベ、ペットボトル、ラミネートチューブ、電池、そういったものが入った機械類などなど。船から海洋投棄しているのかどうかはわからないが、フィジーではそうした汚染物質の処理施設がないから、流れ着いたものはそのまま山のように積み上げてあるという。

毒性の高いPCB（ポリ塩化ビフェニル）は、日本でも処理施設の能力がまだ十分に確立していない。そういうものが海岸に漂着する。海岸が汚染される。川まで汚染されていく。実に深刻である。それに加えて温暖化の影響による海面上昇の問題がある。国土がなくなる危険があるのだ。

実はフィジーは京都議定書の批准第一号の国で、環境問題には非常にセンシティブである。首相からは、先進国の新しい技術で汚染物質の処理をしてもらえないか、あるいは処理技術の指導をしてもらえないかという話だった。処理技術を持つ名古屋のベンチャー企業などが対応できないかと思っているが、これはまだ進んでいない。

汚染物質を製造した国へ突き返すことができたら楽だが、ものすごく手間がかかるし、実際には不可能である。日本海側の海岸にも近隣国のポリタンクやトロ箱など石油製品類が流れ着くが、それを相手の国へ戻すなどまず無理だ。日本だから、他国から流れついたごみであっても、大変ながらも何とか処理していこうという話になる。それが処理技術のない国に流れ着く。不条理としかいいようがない。

この話を俳優の加山雄三さんにした。平成十八年新春テレビ対談の後の雑談中のことである。湘南で育ち海をこよなく愛する加山さんは、海岸の汚れを絶えず気にしていて、海の仲間と清掃活動をしているとのこと。海の男の加山さんらしい話だと思った。加山さんは私と同じ、昭和十二年生まれ。共通の話題も多く、実に楽しい対談であったが、後の話もさわやかであった。

ふるさとがなくなってしまう国

フィジーと同じように太平洋の島嶼《とうしょ》諸国では海面上昇が非常に大きな問題で、愛・地球博でも環境に関するさまざまな展示を行っていた。CO_2濃度が上昇すると地球の平均気温も上昇し、南北極の氷が溶けて海面が上昇するという、因果関係のはっきりした展示だった。フィジーは平らではなく島が多少盛り上がっているため、海面が数センチ上昇しても国土の周囲が狭くなるくらいだが、ツバルなどは島の周囲が盛り上がっているのに比べ中心部が低い。そのため海面上昇すると国が二つに分かれてしまうという。また、サンゴ礁でできているため、透水性が高く、潮水が湧き出て、高床式の家の床までつかることがあるそうだ。真水がとれなくなることが最も困るとも聞く。

島嶼諸国に住む当事者にすれば、自分たちのふるさとがなくなるということは大問題である。しかし一部先進国では、「そんなところにわざわざ住まなくても移住すればいい、国がなくなってもしょうがない」と考えているのではないかと思われるふしがないでもない。民族、文化、歴史を大切に、互いに共生するべきだという思想を、愛・地球博の展示は雄弁に物語っていた。

気温の上昇に関していえば、仮に、これから五十年かけて地球の平均気温が三度上がり、その時点で温暖化が止まったとする。そこで「ああ、よかった」と安心してはいけない。気温は下がることなく、横ばいのままなので、北極や南極の氷はその後、何十年も溶け続けるという。

平均気温が三度上がれば、名古屋は鹿児島や屋久島くらいの気候になって、もしかすると、名古屋近辺の海岸にはマングローブの林ができるかもしれない。桜も二月に開花する。私が子どもの頃には名古屋でも三十センチくらいの雪が降ることがあったが、いまはほとんどない。最低気温0度未満の冬日が百年前と比べて七十日以上も減っているそうだ。名古屋は過去百年間で平均気温が二・七度上昇しているが、今後百年で世界の平均気温は最大五・八度上がるといわれている。その際の自然環境の激変、それに伴う社会、経済、生活の混乱は想像するだけで恐ろしい。

成功の秘訣はカイゼン

万博会場では九つのごみ分別が話題になった。ごみステーションには、「生ごみ」、「わりばし」、「ペットボトル」、「プラスチック類」、「紙コップ・紙パック」、「新聞・雑誌・パンフレット」、「燃えるごみ」、「燃えないごみ」、「飲み残し水」という九種類のごみ箱が並べられ、来場者が表示を見ながらごみを細かく分けている姿が見うけられた。

さらに、出展者は、アルミ缶、スチール缶、びん、業務用缶、発泡スチロール、段ボール、雑誌・パンフレット、新聞・チラシ、OA用紙、廃食用油も分別回収しなければならなかった。集められたごみは十七種類に分類して、燃えないごみ以外はすべてリサイクルするよう徹底したのだ。

ごみは集めて埋めるだけという国から来た人たちは、そうとう驚いたことだろう。外国館のスタッフのほとんどは、生ごみが資源になるとは思っていなかった。そこで、担当者が何度も何度もていねいに説明して、ようやく生ごみの中にびんや缶のふたが混ざらなくなっていった。

来場者のアンケートには、「ごみの分別が徹底していたことが、とにかく印象的でした。私生活でも今まで以上に分別に気を使うようになりました」「ごみの分別が徹底していて驚きました。まだ私の住む市では、分別がここまでされていなかったので、最初は面倒だと思いましたが、すばらしいですね。ずいぶん意識が変わりました」という声が寄せられている。どちらも、他府県からの来場者だが、名古屋市民はごみステーションでも迷わず正しくごみを捨て、ほかの来場者の手本になっていたと信じている。

ごみの分別だけでなく、この愛・地球博では走りながら改善していったことがいくつもある。開幕の一週間前の三月十八日から三日間、報道関係者や地元住民を招いた内覧会が開かれた。私が、「内覧会なんて、そこで問題点を見つけて直すんだから、不具合がいろいろ出てきたほうがいい。失敗して当然」と言うと、ほかの役員さんたちから「いい加減なこと言うな」とひんしゅくを買った。実際に内覧会が始まると、リニモの混雑をはじめさまざまな問題が起こった。マスコミもやや過剰に思えるほど不備を指摘した。万博協会は、それに素早く対応し、開幕後も一つひとつ問題を確実に解決していった。結果として、これほどのビッグイベントにもかかわらず、大きな事故をただの一度も起こさなかった。すごいことだったと思う。カイゼンはすでにユニバーサル・ランゲージだが、まさに万博はそのトヨタイズムの実践の場であった。

九月二十五日の閉会式の日。昼の式典が終わり、いよいよ会場を閉める夜のこと。役員の一部は愛・地球博広場を見下ろすオペレーションブースの屋上に椅子を並べ、愛・地球博広場を眺めていた。参加国の国旗が下ろされ、モリゾーとキッコロがいよいよ東の森へ帰るという儀式を見ながら、百八十五日間の長期にわたるイベントもこれで終わりかという感慨にふけっていた。そのとき、博覧会協会会長の豊田章一郎さんが立ち上がって、「皆さん、ありがとう」と一人ひとりと握手をして回られた。周囲からは自然と拍手がわき上がった。印象深い一こまだった。

もう一つ、私には忘れられないことがある。万博が開幕した三月二十五日は、青空が広がっていたが風花の舞う寒い朝だった。それでも約九千人の来場者がゲート前に行列を作り、今か今かと開場を待っていた。博覧会協会の役員は北ゲートに並んで、来場者を迎えることになっていた。役員の控室へ行くと、すでに豊田会長はそうとう前から来ておられるようだった。寒いので当然コートを着て行くつもりでいたが、ふと豊田会長を見るとコートを着ずに出て行かれる。八十歳といういちばんの長老の豊田会長がコートを着ておられないのに、私たちが着るわけにいかない。全員がコートなしで外へ出た。豊田会長が心から来場者を迎えられる後ろ姿から、何ごとにも一生懸命に、誠実に取り組む姿勢を学ばせていただいた。

豊田章一郎さんが博覧会協会の会長になられたことで、万博の現場には「カイゼン」が浸透していたのだと思う。

三　地球大交流を未来につなぐ

大地の塔での笑顔の交流

最近、ゆっくりと沈む夕日の紅をみたことがありますか？
最近、ゆっくりと海の満ち引きを眺めていたことがありますか？
最近、ゆっくりと木陰で風に吹かれていたことがありますか？

これは、「人の心に『ゆとり』を生み出し、そして『優しさ』を生み出すパビリオンにしたい」という名古屋市パビリオン「大地の塔」の総合プロデューサー藤井フミヤさんのメッセージだ。

大地の塔は地上四十七メートルと高い建物で、その塔を取り巻くように高さ八メートルの不思議な楽器「音具」が三基設置され、さらにその外周は市民から募集した切り絵作品をはめ込んだ灯籠百十八基が彩っていた。

万華鏡の仕組みは、直径十・五メートルの円盤三枚に着色した液体を入れ、円盤が回転することで万華の模様を作り出すというもの。円盤は地上四十メートルに吊り下がり、総重量約五十トンという巨大な装置だった。デジタル制御はほとんどなくアナログで動いていたことも、パビリオンの特色である。世界最大の万華鏡としてギネスブックにも登録された。

「ずっと見ていたい」「気持ちが安らぐ」など、入場者には大好評でリピーターも多く、最終的には三百万人を超える方に入場していただいた。待ち時間が長くなってしまうので、痛し痒しの面もあったが、長時間万華鏡を眺めている人ほど評価が高かったようだ。万華鏡と音具、柔らかな光と音の空間で癒されていたのかもしれない。

皇太子殿下も二度、大地の塔へ来られた。二度目は雅子妃殿下とご一緒に。殿下が二度いらしたパビリオンはそんなに多くないと思われるので、ありがたいことだと思っている。

「殿下、以前に二千五百華と答えましたが、やはり勘定できませんでした」と言うと、覚えていてくださった。閉幕後、一周年の行事で、市政資料館で万華鏡メモリアル展を行った際、スチール写真を何枚か見た。何回となく訪れた私でも見たことのないハッとするような色調のものが何枚かあった。一瞬を切り取ると、こういう映像もあったのかとの感を強く持った。まさに万華鏡である。

妃殿下とお二人でいらしたときは、藤井フミヤさんに案内をお願いした。妃殿下は藤井さんと同世代ということもあり、親しくお話されたようだ。万華鏡の説明のとき、藤井さんが、

「万華鏡の下で手を握ると幸せになると言われています」と話すと、皇太子殿下がそっと雅子妃の手を握られた。それを見た周りの人は思わず拍手をしたそうだ。とても心温まる光景だったと多くの人から聞いた。

それから、大変感心したのが、パビリオンスタッフの素晴らしいホスピタリティだ。

「笑顔一番！」

「大地の塔一番！」

「We are No.1」

そのスローガンのとおり、一致団結して笑顔を絶やさぬパビリオン運営をしてくれた。

開催途中、「万博が終わっても、大地の塔は保存してほしい」という声が多数聞かれるようになった。「閉幕後にもらい受けたい」という要請もあったが、あくまでも会期百八十五日間の耐久性だけを想定して作っていたため、それ以上は耐久性に問題があり、これには困惑した。大地の塔を記録としてどう残すかはいろいろと考えていたが、技術的に無理があると思っていたので、本体そのものを保存することは念頭になかった。長期保存には、それなりに手を入れなければならない。この地での博覧会は一回限りのもの。聖なる一回性ということで、作り直しはしないと決めた。大地の塔は、人々の記憶に刻まれたはずだから。

待ち時間に縁側交流

名古屋の人はどちらかというと閉鎖的、排他的だと見られている。そんな人たちが万博のような全国から大勢の人が集まる場所でコミュニケーションをするのは、普通なら苦手だと思いがちだ。しかし、実際に行ってみると、各パビリオン前での行列が思ったほど負担ではなく、むしろ楽しいと思うようになったのは、交流の面から見て、一つの成果なのかなと思う。名古屋市民のホスピタリティの向上、大交流の拠点都市として大きな財産となる。

人気パビリオンには長蛇の列ができた。一時間二時間待ちは当たり前、最長待ち時間六時間などという記録を作ったところもある。普通なら怒るだろう。「食事やトイレ、土産も買いに行かないといけないのに、時間がないじゃないか。こんなに待たされたら一日に二つ程度しかパビリオンを見られない。どうしてくれる」と。それなのに怒る人がいないのは不思議だった。入場者全体にいえるが、並ぶことを嫌がらない。

なぜか。並んでいる間に見知らぬ者同士がコミュニケーションをしていたからだろう。

食事などで抜けたい人たちがいると、「いいですよ、わしらが場所取っておいてあげるから、行ってらっしゃい」と言って、戻ってきてもおおらかに入れてあげたり、「次はそちらの番」と、交替で抜けたり。「どちらから、いらしたんですか」と、気軽に声を掛け合ったり、皆で助けあったり、そうして前後左右のコミュニケーションができると、待つ時間が苦痛ではない。

コミュニケーション能力のない仏頂面の亭主も、奥さん連中がわいわいしているのに引っ張り込まれて、長時間でも並んで待っていた。

現代人は、個として独立し、自分の空間を大切にしているが、そういうのに疲れてしまったのかもしれない。ずっとバリアに囲まれて暮らしていたのが、外に出て行列に並ぶうち、見知らぬ人との縁側交流のようなものが生まれて、それが意外と心地いいことに気づいた。とくにリピーターたちは、「どこのパビリオンがいい」「こういうふうに回るといいよ」など、蘊蓄を語れるのが楽しそうだった。地球大交流を小さな交流が支えていた。

命をつなぐ「叡智の袋」

愛・地球博閉幕後の十月二日、関係者をねぎらうため、天皇陛下が皇居でお茶会をひらかれたことがあった。陛下は参加者一人ひとりとお話をされるために会場を回られる。私のところにも来てくださった。そのとき陛下に、

「開会式のときに配られた『叡智の袋』というのは、いったい何だったのでしょうか」と伺うと、陛下は、

「中にトウモロコシがひと粒入っていましたね」と言われた。

「はい、あれが叡智の種だったんでしょうか」

命をつなぐ「叡智の袋」

「私は皇居の畑にまきました」

「まかれた？」

「女官の分と合わせて三粒まいて、二つ芽が出ました。七十センチぐらいに育って、実がなりました」

女官長は、「自分の家には畑がないので、お使いください」と言って持って来られたのだそうだ。陛下は自分と皇后陛下の分と合わせて三粒のトウモロコシの種をまかれたという。

陛下は、「命がつながりました」と言われた。

私は心底驚いて、「私は、どこかへやってしまいました。でも、探して来年はきっとまきます」とあわてて言った。

開会式のときに創作狂言で「叡智の袋」について説明があったそうだが、まるで覚えていなかった。この話を市議会議長にすると、議長もびっくりして大あわてで種をまかれたそうだ。時期的に遅くて芽は出たが、あまり伸びなかったそうだ。あとから専門家にきくと、「来年植えれば発芽するでしょう」ということだった。

開会式に参加した人のなかで、どれくらいの人がトウモロコシの種をまいたかわからないが、陛下は愛・地球博のテーマをしっかりと理解され、実践されたのだ。

まいていないのは、私と議長だけだといわれたら困るが……。

万博新人類誕生

「……万博は、すごく楽しかったです。世界一二一か国すべての国に友だちができ、ぼくは友だちに会いたくて気がついたら七七回も万博に通っていました。友だちも四〇〇人以上できました。……市長さんのフレンドシップナンバーは三七四です」

愛・地球博閉幕から約二か月後の十一月二十日、「ＥＸＰＯエコマネーセンター」は博覧会協会継続事業として「アスナル金山」内で再スタートを切った。そのオープン式典で出会い、友だちになった小学生、永井修君からもらった手紙の抜粋である。

彼から再び届いた手紙には「マータイさんが語った、大きな山火事を消そうと努力する小さなハチドリのように、自分にできることをコツコツとやってゆきたい」と書かれていた。手紙と一緒に添えられていた「世界の友だちのわ」という絵は、ほのぼのと心が温かくなる素敵な作品だ。

万博新人類。大阪万博を経験した我々旧人類と区別して、愛・地球博が初めての博覧会という子どもたちを、私はそう呼んでいる。博覧会を通して、交流の息吹にふれ、地球規模で環境を考え、行動を起こす新人類が、確実に育ってきていることを頼もしく感じている。万博新人類が、環境の世紀である二十一世紀を支えてくれるにちがいない。

「一〇〇〇人ホームステイボランティア」も、愛・地球博を契機に名古屋に誕生した、交流を未来につないでいく実にすばらしい組織である。

「ホスト家庭にとっては毎日繰り返された生活かも知れないが、お風呂にお客様が先で、家族全員が順番で入り、残り湯を洗濯に再利用することがとても印象的だった」

「今でもホスト家庭とはお付き合いをさせていただいており、日本の親のようで心強く思っている」

「『あなたは私たちの家族、私の娘よ』と言われたことは、一生忘れない。日本語を一生懸命勉強して成長した姿をいつかホストファミリーに見せに来たい」

……これらはゲストの感想である。

「国籍、人種、宗教、文化、生活、食べ物の違いを超えて、人間は同じということを強く感じた。お互い不自由ながら日本語と英語で話し合えてとても嬉しかった」

「八歳と六歳の子どもたちはすぐに打ち解け、たくさんあそんでもらった。子どもには国境はないということを実感した」

おさむの世界の友だちのわ

「どんな方がホームステイしても必ず新しい発見があり、感動する。人と人との出会いの不思議」

……これらはホストの家庭の感想である。

草の根の活動が紡いだ力強い絆、協働することの大切さ。多くの人に感動を与えた愛・地球博は、大きな財産を残した。環境博覧会がもたらした交流の環《わ》だ。名古屋にとって明日への大きな財産だ。

第三章　環境首都への挑戦

220万市民の「もういちど!」大作戦
みんなでへらそうCO_2
エコライフ宣言カード
わたしは、限りある資源を大切にし、住みやすい地球を未来の子どもたちに残すために「みんなでへらそうCO_2」のエコライフチャレンジメニューを、家族とともに続けることを宣言します。
私のチャレンジ項目数は 12 項目
お名前 松原武久
この宣言カードは、下記の交換カードとともに、EXPOエコマネーセンターへお持ちください。
宣言した日 平成 17 年 11 月 20 日
裏面もご記入ください

一　ごみの次はCO_2だ

ともに創る「環境首都なごや」

二十世紀の我々は、公害問題に始まって、ごみ問題、化学物質問題、地球温暖化対策、食品安全対策など、たえず環境問題に直面し、対策に追われてきた。しかし二十一世紀に入って、こうした個別の取り組みではなく、「めざすべき都市環境についての総合的で積極的な展望」を市民が共有した上で、力をあわせていくことが必要になってきた。

そこでまず、市の総合的な三か年計画（平成十六〜十八年度分）のなかで、「環境首都をめざす」と明記した。けれども、環境首都の具体像はまだ体系化できていなかった。「どうなれば環境首都と呼べるのか？」とか「従来掲げてきた『ごみ減量先進都市から環境先進都市へ』と、どう違うのか？」とかいろいろ言われた。しかしこれまでの経験から、ともかく腰を上げることが重要だと思ったのだ。

その後、環境基本計画改定検討会（委員長・名古屋大学加藤久和教授）で議論してもらい、平成十八年に入ってパブリックコメントも実施した。それを受けて、改定作業の最後の仕上げをしている最中だが、大まかな中身は次の通りだ。

総合目標は「ともに創る『環境首都なごや』」。名古屋がめざす環境首都像の集大成だ。それは、次のような「四本柱」と「協働という土台」で構成されている。

〈健康で安全な都市〉空気にすがすがしさの感じられるまち、水とのふれあいができるまち、暮らしのなかに静けさが感じられるまちなど生活環境を確保するとともに、有害化学物質による環境リスクの低減をめざす。従来の公害対策の成果を踏まえつつ、生活環境確保という視点で組み立てなおしたものだ。

〈循環する都市〉循環を意識したライフスタイルによって都市活動にともなう環境負荷を減らすとともに、都市化によって阻害されてきた健全な水循環の再生をめざす。「循環」は持続可能な都市づくりにとってのキーワードだ。

〈人と自然が共生する快適な都市〉緑や水辺、多様な生態系など身近な自然を生かしてうるおいある都市環境・都市景観をめざすとともに、水と大気の循環による自然の空調機能を生かしてヒートアイランド現象を緩和する。自然観察や自然保護は地域ごとの市民活動が盛んな分野でもあり、協働と連携の促進が重要だ。

〈地球環境保全に貢献する都市〉家庭、オフィス、自動車を重点にした省エネの促進によってCO_2を削減するとともに、国際協力、国際連携をめざす。これは、ごみに続く大きな挑戦課題だ。

〈協働〉以上の四本柱を支える共通の土台として「協働」をかかげ、市の施策だけでなく、「市民の取組、事業者の取組、協働の仕組」を計画の中に具体的に表現した。

また柱ごとに、たとえば「市民一人あたりの都市公園等の面積を十平方メートルにふやす」、「公共交通と自動車交通の割合を『四対六』にする」、「CO_2排出量を十パーセント削減する」などの数値目標と、その実現のためのリーディングプロジェクトを定めた。

まちづくりについては第四章に譲り、この章では、家庭と職場のCO_2削減を中心にふれたい。

世界自治体サミットとCOP3

平成九年の十一月、名古屋で「気候変動世界自治体サミット」が開催された。当時まだ国家レベルの足並みがうまく揃わなかったので、まず世界の自治体が連携して取り組みを進めようという趣旨から開催された。そこでは、平成二十二年までにCO_2と温室効果ガスの排出量を二十パーセント削減しようという「名古屋宣言」が採択された。

名古屋では、当時まだCO_2の削減目標など議論すらされていなかった。名古屋だけではない。日本全体が、増加率を多少抑えるならともかく減らすことなど不可能だという雰囲気だった。開催都市の市長として、非常に困った。会議成功の足を引っ張るわけにもいかず、さりとて他の国の参加都市のように二十パーセント削減の自信などなかった。そんな名古屋勢の当惑をよそに、サミットとしてはともかく二十パーセント削減に向けて取り組むことを決議してしまった。

その翌月、京都で「気候変動枠組条約第三回締約国会議」が開催された。いわゆる「ＣＯＰ３」、各国のCO_2削減目標や排出権取引制度などを決議した歴史的な会議だ。その京都会議に自治体サミットの代表を呼ぼうということになり、開催都市の市長である私が、各国の閣僚を前にして自治体サミットの成果を報告することになった。

二十パーセント削減という「名古屋宣言」を他人事のように報告するのなら簡単だが、そんな無責任なことはできない。ともかく大急ぎで検討し、「名古屋は十パーセント削減に挑戦する」、「名古屋も地球にある」と発言した。時の勢いというか、弾みというのは恐ろしい。このとき私は、日本政府の目標六パーセントを上回る十パーセント削減を、各国の政府代表の前で宣言してしまったのだ。

私が十パーセント削減を宣言した後で、マスコミから「本当にできるのか?」という質問を受けた。私は「期待値だ」と答えた。同席していた市の担当者は、「国が本気で取り組んでくれればできます」と答えた。つまり、国が六パーセント削減のために必要なことをきちんとやってくれれば、市民の協力を得て四パーセント上積みに挑戦したい、ということだ。

環境の分野では、「バック・キャスティング・アプローチ」という言葉がよく使われる。従来のように実行可能な施策を積み上げて実現可能な範囲で目標を設定するのではなく、まず必要と思われる目標を先に設定して、それから、どうすればよいか知恵を絞るという方法だ。言ってみれば「まず目標ありき」ということだ。当時私は、そんな言葉など知らなかった。しかし結果として、それをやってしまった。

エコスタイルは新しい環境文化

「平成二年対比で十パーセント削減」というCO_2の削減目標自体は、平成九年の暮れに設定した。しかし本格的な取り組みは、ごみ減量よりはワンテンポ遅れざるをえなかった。「地球温暖化防止行動計画」の策定は、ごみ量の二十パーセント削減が達成された平成十三年三月のことだ。だから、世間が容器包装リサイクルに伴う混乱に目を奪われている陰で、担当者は次なるCO_2削減の作戦を練っていたことになる。

まず市役所内の率先行動から手をつけた。ごみ減量への取り組みはすでに定着していたので、昼休みの消灯など節電を徹底するとともに、夏季のエコスタイル運動を始めた。名古屋市役所では、二十一世紀最初の夏からエコスタイルを始めたことになる。今でいうクールビズだ。

エコスタイルのことを軽装と表現することがあるが、私は、正装ではないものの略装や軽装と呼ぶべきではないと思っている。むしろ、正装と呼べるエコスタイルを、日本の文化として確立すべきだと思っている。夏でもスーツにネクタイというのは、涼しくて乾燥しているヨーロッパ固有の地方文化だ。蒸し暑いアジアモンスーン地域においても同じ服装をするのは、自然の摂理に反している。

ハワイではアロハが正装だ。アロハシャツは、明治にハワイへ渡った日本人が着物の生地をシャツに仕立て直したのが発祥だと聞いたことがある。タイでもフィリピンでも、それぞれの土地の気候にあった服飾文化が確立している。我々も、日本の夏にふさわしい、人にも地球にもやさしいファッション文化を創造し確立すべきだと思う。

ノーネクタイでワイシャツの第一ボタンをはずせば、体感温度が二度違うといわれている。けれど、ワイシャツ姿のネクタイなしは、なんとなくダサい。単に上着やネクタイを省いただけだからだ。私自身も毎朝コーディネートに苦労するし、家内はシャツは増えるしクリーニング代もかさむとこぼしている。今は過渡期だから、いろいろな戸惑いが起こっても当然だ。戸惑いを乗り越えたところで、環境の世紀にふさわしい夏のファッションがきちんと創造されることを期待している。

愛・地球博があった平成十七年には、春から秋にかけて毎日どこかの国のナショナルデーがあった。百八十五日間に百十八か国のナショナルデーがあるので、ウィークデーは毎日どこかのナショナルデーだった。昼間は、ナショナルデー開催国の行事が万博会場で行われた。夜は、地元側主催の歓迎パーティを名古屋市内のホテルで行った。県知事さんや中経連の会長さん、商工会議所の会頭さん、そして私が交代でホスト役を務めた。

私がホストを務めるときは、先方に無理を言ってエコスタイルで通させていただいた。またパーティ会場の温度も、ホテル側にお願いして少し上げていただいた。戸惑われた賓客も多かったと思う。しかし郷に入れば郷に従えだ。土地土地の気候風土に合わせたライフスタイルを創造し実践することこそ、「環境の世紀」のあるべき姿だと思う。

未来の子どもたちと約束

このようにCO₂削減に取り組み始めたものの、ごみのときのようなムーブメントとして大きなうねりにする糸口がつかめなかった。ごみとCO₂では、目に見えるか見えないか、市が強制力を持っているかいないかという二点で大きな違いがあった。もどかしい日々が続いた。

そんな悩みを抱えた私の前に、「未来の子どもたち」が現れた。愛・地球博の開会式だ。

「私たちの入学式に桜はありません。桜は二月に咲いてしまいます。海水浴は禁止されています。強い紫外線が皮膚によくないんだそうです。いくつもの島が海に沈んでしまいました。私たちの学校には、環境難民と呼ばれる外国のお友達がたくさんいます。……進歩した科学技術で、もうできないことはなくなりました。でも、この星の環境だけは、どうしても元に戻せません」

開会式に参加していた三千人が一様に胸を打たれ、シーンとなった。

「どうか、未来の私たちの星のために、立ち上がってください。未来は変えられます。約束してください。三本の指を高く上げて、左右に振ってください。これは、アイラブユーという、手話の世界共通の言葉です」

陛下が、手を高く上げてお振りになった。参加者もつられて手を振った。私も一緒に手を振りながら、意を新たにした。想定外の展開であったが、皆が約束をしてしまった。しかもその半年後、閉会式でも再び手を振って約束をした。今度こそ本当に、CO_2削減のうねりを起こさなくてはならない、そう心に誓った。

家庭、オフィス、自動車のCO_2削減

平成二十二年までに平成二年対比で十パーセントのCO_2を減らすというのが、名古屋の目標だ。しかし平成十四年の実績を見ると、減るどころか約九パーセントも増えてしまっている。

多くの方は、かつての公害問題のように工場が悪いに違いないと思うだろう。ところが、工場等はこの間に二割も減らしている。増えているのは、オフィス、家庭、自動車だ。オフィスは五割、家庭は四割も増えている。自動車のうち家庭用については五割増だ。工場での省エネ

はそうとう進んだが、空調や照明、そして自動車によるCO_2排出は相変わらずどんどん増えているのだ。

こうしたなかで我々は、平成二年比で十パーセントのCO_2を削減しなくてはならない。すでに九パーセント増えてしまっているので、現状よりも十七パーセント減らさなくてはならないことになる。うーん、意気阻喪しそうな数字だ。ただし、このうちかなりの部分は電力原単位の減少が見込まれている。聞きなれない言葉だが、電力会社の努力で発電効率の向上が見込まれるため、その分だけ下駄をはかせてもらえると考えればよい。

結論をいうと、現状（平成十四年実績）よりも、家庭では六パーセント、オフィス・店舗等では五パーセント、自動車利用では十パーセント減らすことが目標だ。

では、どうすれば減らせるのだろうか？　自動車の場合には簡単だ。ガソリンの消費量を一割減らせばよい。つまり、エコドライブによって実走燃費を向上させるか、燃費のよい車に買い替えるか、なるべく公共交通機関を使って自動車依存を減らすかすればよい。あるいは、週一回は車を使わないというのもよいし、家族で二台も三台も持たずに使いまわすというのもよい。ともかく、一割ガソリンの消費量を減らせば、CO_2も一割減るのだ。

ただし、ひとつ注意する点がある。近年、車の平均燃費は大幅に向上した。ところが皆ぜいたくになってきて、大きな車に乗るようになった。普通乗用車、いわゆる三ナンバーはかつて

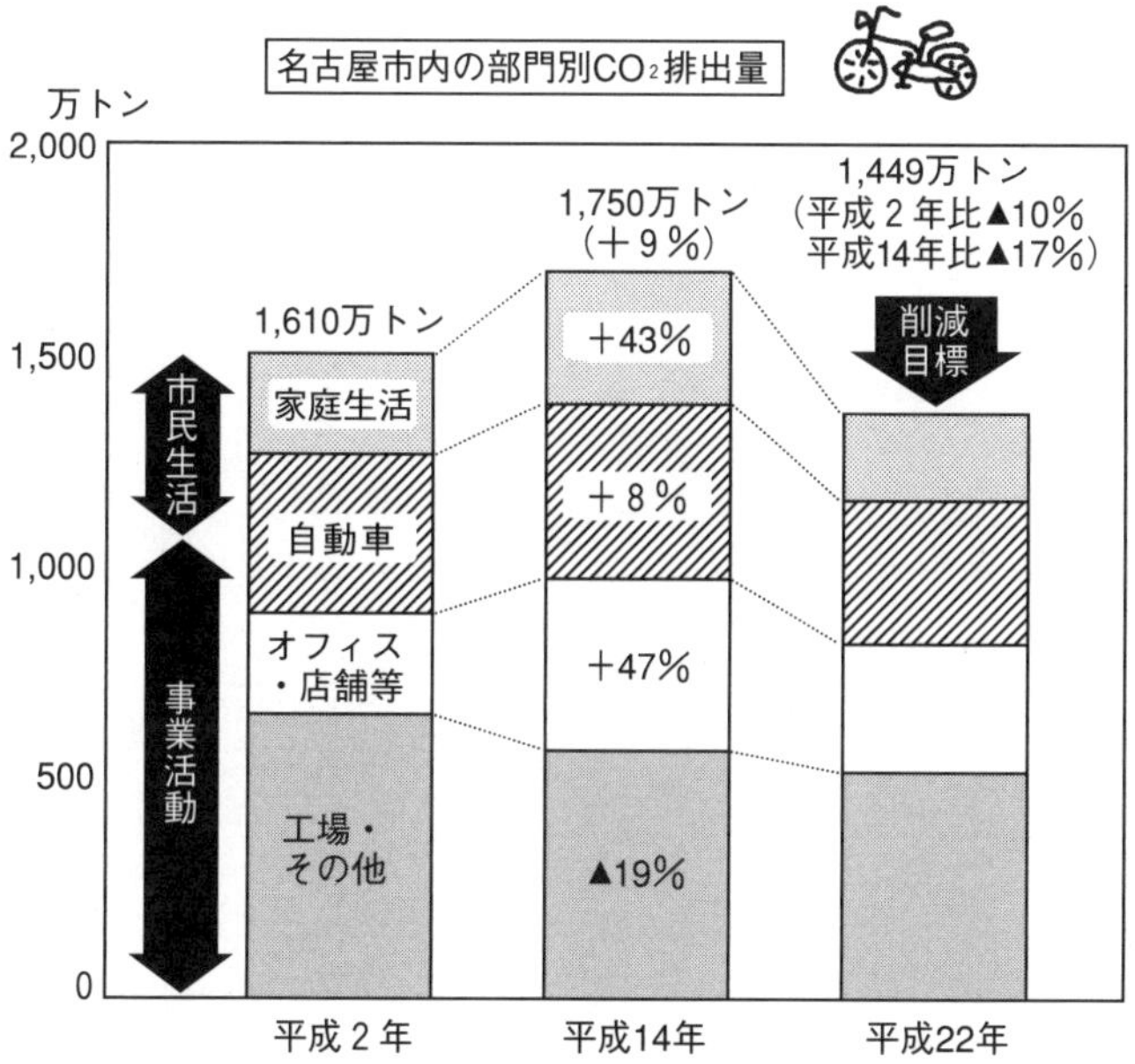

は高嶺の花だったが、これが平成二年当時に比べて今では六倍に増加している。逆に小型車は三割の減少だ。また、一家で何台も持つようになった。こうした大型化と台数の増加によって、技術開発による燃費向上効果が帳消しになってしまった。その結果が、家庭用自動車によるCO_2排出五割増という現象だ。

　家電の場合も同様だ。冷蔵庫にしろテレビにしろ、この間に省エネ化が大きく進んだ。しかし、大型化や台数増加も進んだ。液晶テレビは省エネだから安心といって、トリノオリンピックやワールドカップ・サッカー観戦のため、大型画面に買い替えた家庭も多いのではないだろうか。また、かつてはテレビの部屋にクーラーを入れて家族一緒にすごしていたのだが、今では、テレビもクーラーも一人に一台ずつという家庭が増えている。こうした一つ一つの積み重ねが、家庭から排出されるCO_2の四割増をもたらしている。困っているだけでは問題は解決しない。

それでは、どんな行動をすればどれだけCO_2が減らせるのか、以下に紹介してみたい。

二　暮らしを変えれば、未来は変わる

二百二十万市民の「もういちど!」大作戦

専門家に「無理だ」と言われたCO_2の十パーセント削減だが、その実現に向けての大きな原動力として期待しているのが、二百二十万市民の「もういちど!」大作戦だ。

これは、愛・地球博開催中の平成十七年六月から九月まで、環境万博にちなんだ社会実験として始めた。ごみ減量をなしとげた名古屋市民に、今度はCO_2の削減で「もういちど!」協力してください、と訴えたのだ。レジ袋を断るとか、買いすぎをやめるなどの六つのチャレンジメニューから、自分ができることを三つ選んで応募してもらい、エコ商品などが当たるようにした。「もういちど!」というのは「冷房温度を一度上げて二十八度に、暖房温度を一度下げて二十度にしましょう」という言葉遊びも含まれている。

この取り組みは、同年十一月以降は「エコライフ宣言」として本格実施している。二十項目のエコライフチャレンジメニューのうち実行できる項目数を宣言し、登録してもらうのだ。

たとえば、①冷めないうちに家族が続けてお風呂に入り追い焚きをしない（一日あたり二百二十グラム削減、年間五千四百円節約）、②使っていない電気製品はコンセントからプラグを

エコライフチャレンジシート

1 部屋

これならできる チェック!

No.	エコライフ チャレンジメニュー	1日あたり削減できる CO_2ごみ袋（10ℓ）の数	年間節約金額	チェック
1	冷房温度を もういちど（1℃）上げる 暖房温度を もういちど（1℃）下げる 冬は20℃ 夏は28℃	エアコンを9時間使用した場合 石油ファンヒーターを9時間使用した場合	400円 400円	□
2	使っていない電化製品は コンセントからプラグを抜く		3,700円	□
3	照明を白熱電球から 電球型蛍光灯に つけかえる ほぼ同じ明るさが保てます!	54Wから15Wに付け替えた場合	1,800円	□
4	テレビを 見ていないときは消す リモコンではなく 主電源を切りましょう	見る時間を1時間減らした場合	900円	□
5	人のいない部屋の 照明を こまめに消す スイッチ OFF! ごはんよー	15W蛍光灯4灯の点灯時間を1時間短くした場合	500円	□

10ℓのごみ袋に CO_2を入れると…。

CO_2の重さは 約20gになります。

2 台所

これならできるチェック!

No.	エコライフ チャレンジメニュー	1日あたり削減できる CO_2ごみ袋（10ℓ）の数	年間節約金額	
6	冷蔵庫に食品を詰め込みすぎず冬場の温度設定を「強」から「中」に変更する		3,300円	□
7	給湯器の設定温度を下げる	給湯温度を40℃から38℃にした場合	1,900円	□
8	夜間や外出時などの電気ポットの保温をやめる 長時間保温するなら、使う前にもういちど沸かした方がおトク!	6時間の保温をやめた場合	2,500円	□
9	炊飯ジャーの保温時間を短くする 長時間保温するなら、温めにレンジで“チン♪”した方がおトク!	8時間の保温をやめた場合	2,200円	□

ぎゅんぎゅん
いっぱい詰め込むと電気代がかかってしまうよ

38℃
ぬるめの方がお肌にもやさしいのよ

3 風呂・トイレ・洗面所

これならできる チェック!

No.	エコライフ チャレンジメニュー	1日あたり削減できる CO_2ごみ袋（10ℓ）の数	年間節約金額	
10	冷めないうちに 家族が続けてお風呂に入り 追い焚きをしない 	冷めたお湯200ℓの 追い焚きをやめた場合	5,400円	□
11	シャワーの 出しっぱなしをせず こまめに止める	温水シャワーを1分間止めた場合	2,100円	□
12	風呂の残り湯を洗濯などに もういちど 使いまわす 庭の草木などへの水やり、 打ち水にも使おう! 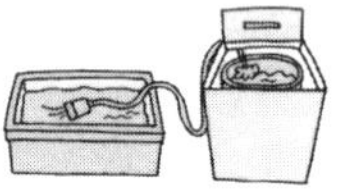	残り湯80ℓを再利用した場合	5,400円	□
13	トイレを使わないときは 暖房便座のフタを閉め 季節に合わせて 便座や洗浄水の温度調節をする 		3,400円	□

4 車

これならできる チェック!

No.	エコライフ チャレンジメニュー	1日あたり削減できる CO_2ごみ袋（10ℓ）の数	年間節約金額	
14	外出時はできるだけ マイカーを使わず 徒歩や自転車 公共交通機関で行く 	マイカーの利用を3kmやめた場合	6,500円	□
15	運転は ゆっくり発進し 徐々に加速する 		2,900円	□
16	停車中はアイドリング・ストップし 発進する前に もういちど エンジンをかける 	40km走行ごとに5分間の アイドリング・ストップをした場合	1,700円	□

5 買い物

これならできる チェック！

No.	エコライフ チャレンジメニュー	1日あたり削減できる CO_2ごみ袋（10ℓ）の数	年間節約金額	
17	**省エネ型商品・詰替型商品・再生品・旬のもの・地産のものなど環境にやさしい商品を選ぶ** グリーン購入をしましょう！ 	 詰め替え商品を購入した場合		□
18	**マイバッグ持参でレジ袋や過剰包装を断る** エコクーぴょん※シールを集めましょう！ ※エコクーぴょん参加店で買い物をして、レジ袋や紙袋を断るともらえるシールです。40枚集めると100円のお買い物券になります。 また、エコクーぴょんシールを10名以上の団体で取りまとめていただくと、その団体の活動費になる「団体還元制度」もあります。ぜひご活用ください。 	 レジ袋を1枚断った場合	 900円	□

6 ごみ・資源

これならできる チェック！

No.	エコライフ チャレンジメニュー	1日あたり削減できる CO_2ごみ袋（10ℓ）の数	年間節約金額	
19	**ムダな買い物をせず「もったいない」の精神でもういちど再利用に努めごみをへらす** 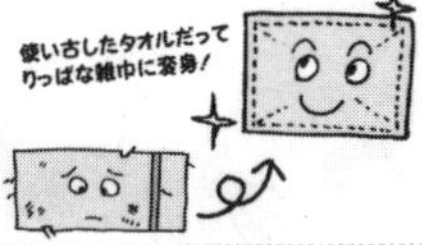	 ごみ100gをへらした場合		□
20	**プラスチック製容器包装・紙製容器包装・ペットボトル・空きびん・空き缶などをきちんと分けて出す** 分ければ“資源” 混ぜれば“ごみ” 	 可燃ごみのプラ混入率が10%から5%にへった場合		□

計算してみよう！ 家庭から出るCO_2

家庭におけるCO_2排出量（kg）は、右記の式で算出することができます。前年同月の使用量と比較し、CO_2排出量をチェックしてみましょう！

（例）ガソリン10ℓの場合 → 10 × 2.3 = CO_2 23kg

- ●電気使用量（kWh） ×0.47
- ●都市ガス使用量（m³） ×2.36
- ●LPガス使用量（m³） ×6.3
- ●水道使用量（m³） ×0.58
- ●ガソリン使用量（ℓ） ×2.3
- ●軽油使用量（ℓ） ×2.6
- ●灯油使用量（ℓ） ×2.5

抜く（待機電力をカットできるので百六十グラムの削減、年間三千七百円節約）、③給湯器の設定温度を四十℃から三十八℃に下げる（百二十グラム削減、年間千九百円節約）、など、意外と簡単な項目だ。

ところで、一世帯あたりどれだけ減らす必要があるのだろうか？　家庭生活での削減目標は六パーセントなので、一世帯あたり年間二百キログラム余、一日あたりでは六百グラムだ。

例にあげた三項目だけで五百グラムになるので、あともう少し頑張ればよい。④使わないときは暖房便座のフタを閉める（百四十グラム削減、年間三千四百円節約）、⑤夜間は電気ポットの保温をやめる（百グラム削減、年間二千五百円節約）なども、目からウロコというか、実に簡単な省エネ法だ。

私も宣言シートに記入してみた。二十項目のうち十二項目の宣言であったが、①の「家族でお風呂」は宣言できなかった。仕事で遅くなることが多く風呂に入る時間がまちまちなためだ。

当初、市民の一割にあたる二十万人のエコライフ宣言を期待した。はじめの一歩として、その程度は必要だと思った。ところが、平成十八年五月末現在で二十六万六千人になった。半年ちょっとで市民の一割以上に広がったのだ。これには、後でふれるように子どもたちの参加が大きい。次は、四十万人をめざしたいと思っている。

CO_2削減の「見える化」

平成十七年八月十四日、私は、愛・地球博長久手会場のグローバルコモン3にあるEXPOエコマネーセンターに行った。そこは、エリアのいちばん外れであるにもかかわらず多くの人であふれ、係員の説明に熱心に耳を傾けている親子たちがいた。なによりも印象的だったのは、みんなの顔が生き生きとしていたことだ。

EXPOエコマネーは、愛・地球博で実施された環境通貨の実験事業だ。エコ活動を行うとポイントがもらえる。一行動一ポイントが原則だ。たまったポイントは、エコ商品に交換（個人還元）したり、植樹に寄附（社会還元）することができる。これがEXPOエコマネーの仕組みだ。ポイントの登録は、愛・地球博の入場券を活用しており、入場券についているICチップを読み取る仕組みだ。ICチップのおかげで、ずいぶん簡単な仕組みになった。

このエコマネーというのは、愛・地球博でできたシステムのなかで最も優れたものだと、私は思っている。誰でも参加でき、CO_2削減の行動にどれだけ取り組んだかが目に見えてわかるからだ。とくに植樹に寄付した場合には、壁に描かれた「どんぐりーずの樹」に葉っぱのシールを貼ることにより、仮想の樹がどんどん成長し葉が茂っていく。目に見えないCO_2の削減が、仮想の樹の成長によって「見える化」された。

市民がCO_2削減を継続していくには、その行動が目に見えないといけない。参加した市民は

「地球にいいことしたかも」と達成感を得、次の行動に向けた張りあいが生まれてくる。エコマネーは、それが可能な仕組みだ。

初めてこの仕組みを見たその日、私は、エコマネーセンターを運営しているNPO代表の萩原さんに訴えた。「エコマネーセンターをぜひ欲しい！　このエコマネーを将来にわたって継続し成長させることができるのは、環境首都をめざす名古屋しかない！」と。

その後、博覧会協会もEXPOエコマネー事業の継続を決め、平成十七年十一月、EXPOエコマネーセンターをアスナル金山に誘致することができた。見えないはずのCO_2削減行動を「見える化」する拠点が、名古屋にできたのだ。

さてもうひとつ、「CO_2濃度の見える化」を考えている。CO_2濃度を都心に表示するのだ。

今日、経済にあまり興味のない人でも経済成長率を気にする。最近では、失業率とか有効求人倍率なども発表されるたびに新聞の一面で報じられる。同じように、CO_2濃度に対しても関心を持ってしかるべきではないだろうか。

名古屋市では、農業センターと科学館でCO_2濃度を測定している。そこで、電光表示板のような装置を都心に設置して、最新のCO_2濃度を表示したいと思っている。一時間ごとの変化や日々の変化を気にしても、あまり意味はないかもしれない。しかし、CO_2濃度を「見える化」することにより、自然に、「今日は四百PPMを超えてしまった。百年前に比べて三割増だ」

ＥＸＰＯエコマネーの仕組み

エコ活動のメニュー

ポイントは
原則として
１行動１ポイント

●レジ袋を断る
「エコクーぴょん」シールや
お店独自のシール、スタンプをもらう

●宣言をする
エコライフ宣言
アイドリングストップ宣言
マイバッグ宣言

●キャンペーン月間の重点メニューを実践する
電気ダイエット、交通エコライフなど
（月ごとにメニューが変わります）

●なごや環境大学を受講する

↓

エコマネーセンター

アスナル金山

●ポイントに交換
シール、宣言証、受講票などを持参

●ポイントがたまったら…
☆エコ商品に交換（個人還元）
☆植樹に寄附（社会還元）
50ポイント以上寄付すると、
「未来の子ども」ピンバッジを贈呈

↑

企業・行政

●ポイント原資を提供する
＊協賛者が増えると、
ポイントメニューが充実できる

などと関心が高まってくるのではないかと思う。関心を持つことは、解決への第一歩なのだ。

主役の子どもから大人へのメッセージ

前述した「もういちど！」大作戦は、EXPOエコマネーと連動したことで格段に進化した。「エコライフ宣言カード」を金山のエコマネーセンターへ持っていくと、ポイントがもらえるようにしたのだ。「エコライフ宣言」が「見える化」した。

さらに、未使用の入場券三十万枚を博覧会協会から譲り受け、エコライフ宣言に活用できるように少し手直しした。それを名古屋市立のすべての学校に配布し、子どもたちが自主的にエコライフ宣言をできるようにした。博覧会の開会式で、未来の子どもたちが「約束してください」と言ったあの言葉を、市内の子どもたちは受け止めてくれた。博覧会入場券の残りを使って、地球環境を守る活動が大きく広がろうとしている。

エコライフ宣言二十七万人には、まず隗《かい》より始めた市の職員とその家族三万六千人も含まれているが、大多数は、幼稚園から高校まで十七万六千人にものぼる「子どもたち」である。私は環境問題を考えるとき、子どもを主役にしたほうがうまくいくと思っている。「子どものためにいい環境を」と大人だけが頑張っても、うまくいかない。子どもが動けば祖父母が動く、次に母親、最後に「忙しい、疲れた」を連発している父親が動く。ごみ減量のときがまさにそうだった。

ほかにも、「もういちど！」大作戦の一環で子どもが主役の取り組みがある。エコソング「みんなでへらそうCO_2」である。

平成十八年三月二十五日、アスナル金山のイベントステージに、なごや広報大使をお願いしている俳優の加藤晴彦さんと私が立っていた。園児百人以上と一緒に、「みんなでへらそうCO_2」にあわせて踊ったのだ。これは市内の幼稚園・保育園で大好評で、曲のさびの部分で「みんなで、へらそう〜C、O、2〜」と歌いながら手振りでCO_2の形をつくるのだ。

このエコソングは、実は環境局の職員が作詞作曲したものだ。歌に踊りを振りつけたところ、幼稚園や保育園で評判を呼びはじめた。そこへ強力な助っ人が現れた。名古屋市幼児教育研究協議会と国際ソロプチミスト名古屋が、エコソングをCD化してくれたのだ。おかげで、幼稚園・保育園はもとより、小中高等学校に配布することができた。なおこのCDは、エコマネー四十ポイントと交換することもできる。

名古屋のあちこちでこの曲の演舞が披露されているが、祖父母、母親、そして父親までもがカメラを片手に、耳を傾け聴きいっている。その後、盆踊りバージョンもできて、各地の盆踊りや「にっぽんど真ん中まつり」にも登場すると聞いている。

平成十八年六月の「なごや環境デー」では、未来の子どものピンバッジも登場した。「未来の子ども」が手を高く上げ、手話のアイラブユーで「約束してください、未来の私たちに美しい地球を贈り渡してくれることを」と呼びかけている。裏には、「CO_2 10%DOWN NAGOYA CITY」と刻印されている。デザインは、愛・地球博開会式の衣装デザインを手がけた、ひびのこづえさんだ。

このバッジは、エコマネーセンターで植樹に五十ポイント寄附をした人しか手に入れることができない。お金では買えないのだ。地球にやさしい行動をした人だけが胸につけることができる。それが評判を呼んだのか、ネットオークションで三千円を超える値がつくほど人気が出てしまった。名古屋の街中に、この未来の子どものピンバッジをつけた市民があふれる日を楽しみにしている。

いま、未来の子どもと現代の子どもが主役となって、CO_2の十パーセント削減を大人たちに訴えている。そもそも、地球温暖化が進むといちばん被害を受けるのは誰なのか。これから長く生きることになる子どもたち自身だ。そして、さらに後に続く未来の子どもたちである。今の大人は、被害が及ぶ前に寿命が尽きてしまう。百年後に海水面が八十八センチ上昇し名古屋の二割が海面下になっても、いまの大人はもう生きていない。しかし子どもたちの子どもたちは、その先も生き続けなければならない。

だから今のうちに、地球の未来に何が待っているのか科学的に正しい知識を教え、抽象論ではなく、どんな行動をすべきか方法論を教えて身につけさせる必要がある。学ばせるだけではだめで、身につけて行動に移せなければしょうがない。いまの子どもが先頭にたって動いていけば、その子が親になったとき、我が子にそれを伝えることができ、五十年先、百年先が変わっていくはずだ。

私は、学校における環境教育はものすごく大きな意味があると思っている。平成十八年の通常国会において、教育基本法の改正案が審議された。「愛国心」のことばかり話題になったが、実は、教育基本法に初めて「環境保全」という言葉を盛り込む法案でもあった。法案は継続審議となったが、学校での環境教育が国レベルでも動き出した。

これを機会に、教員を輩出する大学に環境をテーマにした教育課程が創設されることを願っている。後にふれる「なごや環境大学」のスタートにあたっては、名古屋大学大学院に環境学研究科が設けられ環境学研究者の層が厚くなったことが大きく寄与している。このように、大学が知的インフラとして地域に果たす役割はきわめて大きいので、大いに期待している。

EXPOエコマネーの今後

EXPOエコマネーセンターというCO_2削減行動の拠点が金山にできたが、名古屋中の人がエネルギーを使ってCO_2をまき散らしながら金山に集まっていては意味がない。エコライフ行動を生活のリズムのなかに組み込むことが必要であり、それにはエコマネーセンターのブランチ（支店）を増やしていかなければいけないだろう。

とりあえずは、伏見にある環境学習センター「エコパルなごや」と上前津地下街にある「リサイクル推進センター」に配置する予定だが、私の夢としては、できれば学校がブランチにならないかと思っている。ICチップを読み取るための読み取り器が必要だが、学校、区役所、生涯学習センターなど置ける場所はたくさんあるだろう。またトワイライトスクールや総合学習のプログラムのなかにエコ活動を組み込むこともできる。店舗など民間施設が場所と手間を提供してくれれば、「買い物ついでにエコマネー」ということも可能だ。

学校教育の世界には、「統一メニューに従って行動」、「ほかと同じことをしていないと不安」という姿勢が見られがちだが、すでにエコ活動を組み込んでいる学校はいくつかある。愛・地球博開催期間中からエコマネーを学校ぐるみで集め、植樹への寄附が二〇〇五ポイントに達した東星中学などは良い例だ。こうした先進的な学校にブランチを置けば、きっと親や地域も一緒に取り組むことになり、そうした環境先進学区が、きっとたくさんできてくると思う。

話をエコマネーに戻そう。もともとEXPOエコマネーセンターは、博覧会協会が閉会後も一年間に限り継続してくれた事業だ。博覧会協会自体が解散してしまうのだから、期間限定はやむを得ない。それでは、その後はどうなるのか？　エコマネーのポイント原資をどう集めるか？　それが、最大の課題である。

今は「レジ袋お断り」が主なメニューだが、もっとメニューを増やさなくてはならない。そのためには、ポイント原資を提供してくれるスポンサーが必要だ。できない理由ばかり探さないで、たとえばカード会社と提携してエコ商品を買ったらポイントがつくようにするなど、皆で知恵を出し合うことだ。

名古屋市の小学校では現在、子どもたちはリサイクル・ノートなどリサイクル商品を使っている。私が以前、「リサイクル・ノートって使っとるか？」ときくと、子どもたちは、「そんなの知らない。好きなもの使っとる」と言っていた。

「そんな馬鹿な。学校では古紙回収をしとるだろう。その古紙からリサイクル・ノートができる。今はあまり売れないから普通のノートに比べて割高だけど、買う人が増えれば安くなるし、古紙回収もさらに進む。古紙回収というのは、最後に製品を買う人がいて初めて成立するんだ」ということで、リサイクル・ノートが使われるようになった経緯がある。

昔、新聞は紙の繊維が短かったため、バージンパルプに比べてうまく再生できず、リサイクルに適さなかった。そのため緑を食いつぶす元凶のように言われていた。しかし再生紙業界では現在、バージンパルプでなくても紙をリサイクルする仕組みができあがり、再生紙でもきれいに印刷できるようになって、名刺などは再生紙を使っていない人を探すのが難しいくらいになっている。

以前、ニュージーランドへ行ったとき、現地の人が「日本は木を買ってくれなくなった」と嘆いていた。しかし世界規模で見たら、再生紙利用を増やすことはいいことに違いない。とはいえ、紙に加工するための最低限の木はやはり必要になるので、切った分だけ植樹をして、次の伐採に備えている。そういうサイクルができているので、余分な木は切らなくてすむのだ。

環境首都をめざす名古屋市としては、このＥＸＰＯエコマネーは半永久的に続けなければいけない事業である。将来のあるべき姿は、社会全体で支えあう形ではないだろうか。環境首都においては、あらゆる社会活動が環境に配慮すべきであり、その行動にはポイントが与えられてもいいはずである。企業や行政がポイントを発行し、それに見合う原資を負担しあうことが必要である。レジ袋を出さずにすんだ事業者もエコカーを売った企業も、もちろん行政も啓発ティッシュの代わりにポイント券を配ればいい。行政の場合、交換品の提供という拠出の仕方を工夫すれば、いろいろな施策に活用できるのではないか。

たとえば学校がポイントをためて、子どもの安心安全のための太陽光発電の街路灯に交換できるようにする。その交換品の予算は行政が負担する。単に業者に発注してお金を払うだけでなく、そこに、ポイントを集めた市民のエコ行動が付加されるわけだ。極論すれば、子育て情報プラザがブランチになれば、そこでは「のびのびサポート」の二時間利用券と交換できてもいい。市が重要課題にしている安心安全も子育ても、環境対策ということになる。

環境首都の「環境」とは、単にごみやCO_2や自然環境だけでなく、安心安全、まちづくり、開発、経済、産業、人権、貧困、健康等、あらゆる面において「持続可能な社会環境」になることではないか。市民がエコマネーセンターを活用し、CO_2の削減があたりまえのように生活のリズムに溶け込んだとき、「持続可能な社会」＝環境首都なごやが誕生することになるのだ。

三　車のエコ、ビジネスのエコ

エコドライブで燃費を一割向上

車輌自体の環境性能というハード面については、低公害・低燃費車の認定制度やNOx・PM法などによって、国が推進をしている。そこで、自動車の利用方法というソフト面からも省エネを促進するため、平成十五年制定の「市民の健康と安全を確保する環境の保全に関する条例」（環境保全条例）には「エコドライブ」に関する規定を設けた。自動車の効率的な使用や適正な整備、運転によって排ガスや騒音を最小限にとどめる努力を、市民、事業者に求めた。

エコドライブとは、具体的に何をすればよいのだろうか。

①急発進、急加速、急ブレーキをやめる、②アイドリングストップに努める、③タイヤの空気圧を適正化する、④空ぶかしをしない、などが主なものだ。この四点を心がけるだけで、燃費が一割以上アップするといわれている。燃費を一割アップさせれば、平成二十二年度までのCO_2削減目標のうち、自動車分は達成できる。

では、本当にエコドライブだけで燃費がそんなに向上するのだろうか。

トラック協会の協力を得て、エコドライブ支援装置を使った実験をやってみた。運転操作に応じて「アクセル操作を緩やかに」、「スピードは控えめに」、「アイドリングをやめましょう」などの音声ガイドが出る装置だ。これを使ってエコドライブに努めたところ、トラックの燃費が二十五パーセント向上し、CO_2排出量は二十パーセント削減された。予想以上の効果が実証された。

自分が「急発進・急加速」していると思っている人は、おそらくほとんどいないだろう。誰もが、自分の運転は普通だと思っているに違いない。では逆に、「ふんわりスタート、ふんわり加速」に心がけている人は、どうだろうか。これも、少ないのではないだろうか。そう、信号が青になったとたんに飛び出そうとはせずに、「ふんわりスタート、ふんわり加速、ふんわり減速」を心がけてほしいのだ。

買い替え時期が近づいている方は、ぜひ低燃費車を選ぶようお願いしたい。市民生活に由来するCO_2排出量の三十七パーセントは、マイカーが占めている。だから、仮にすべてのマイカーがハイブリッドカーになって燃費が半分になれば、市民生活にともなうCO_2排出量は二割近く削減できる。たまにちょっと乗るだけという場合は、ハイブリッドカーよりも軽自動車のほうがいいかもしれない。いずれにしても、低燃費車の普及効果は極めて大きい。

環境保全条例には、新車の販売業者は「排ガスや燃費など自動車の環境情報を記載した書面を交付し、説明しなければならない」という規定もある。排ガスや燃費などはカタログに小さな字で書いてあると思うので、おそらく大半の人が「環境情報を記載した書面」の交付を一応は受けていると思う。しかし、説明はあまり受けていないのではないだろうか。罰則規定こそないが、説明をしなければ条例違反になる。善良なディーラーを条例違反者にしないためにも、「排ガスは？　加速走行騒音は？　燃費は？　他の車種あるいは他社製品との比較は？」と尋ねていただきたい。

国のグリーン税制で優遇を受けられるのは、ハイブリッド車、天然ガス車、メタノール車、電気自動車だけではない。一般のガソリン車でも、「低排出☆☆☆☆（四つ星）」かつ「低燃費＋十パーセント以上」のものは優遇の対象になる。地球のためにも、財布のためにも、「排ガス」と「燃費」のデータは、ぜひチェックしていただきたい。

まだ実現はしていないが、市営駐車場でエコカーの優遇ができないかと、かねてから思っている。料金割引あるいはエコポイントなど、方法はいろいろ考えられる。エコカーの普及を後押しするような、何らかのメリットを工夫できないかと思っている。

エコ事業所とエコひいき

平成十五年、公害防止条例を全面改定して環境保全条例を制定した。これまでの公害防止の成果を引き継ぎつつ、地球温暖化防止など環境保全全般への取り組みを強化するためだ。

この条例で、温室効果ガス排出量の多い事業所に対して「地球温暖化対策計画書」と「同結果報告書」の届出・公表が義務づけられた。報告書には、①温室効果ガスの排出状況、②排出抑制の目標と措置などを記載することになっている。工場やビル、店舗、ホテル、病院、学校など三百以上の事業所から届出を受けている。届出事業所に対しては、エネルギー管理の専門家が省エネ相談員として巡回し、省エネコミュニケーション（省エネのための相談・助言）を行っている。

二千平方メートル超の大規模建築物の新増築に際して、「建築物環境計画書」の届出・公表も義務づけられた。計画書には、①地球温暖化防止のための措置、②資源の適正利用、③敷地外環境の保全措置、④建築物の環境性能などを記載することになっている。この届出に使用するパソコンソフトが「ＣＡＳＢＥＥ（建築物総合環境性能評価システム）名古屋」で、材料や設備・機器から外構に至るまで、どうすれば建物の環境負荷を減らせるかの手引書にもなるスグレものだ。名古屋市のホームページからダウンロードできるし、他の建築物の取り組み事例を知ることもできる。一度ぜひ、名古屋市のホームページを開いて「ＣＡＳＢＥＥ名古屋」を検索することをおすすめしたい。

百貨店やスーパー、銀行などと協力して、「なごや冷暖房スタイル」の普及にも取り組んでいる。「冷房は二十八度、暖房は二十度」というのが推奨温度だが、客商売の場合にはどうしても過剰気味の空調に傾きがちだ。そこで、通常より弱めの温度設定にするキャンペーン期間を設けて、市民の理解と協力を求めている。

「エコ事業所」認定制度も、平成十四年から取り組んでいる。大企業から中小企業に至るまで、すでに六百をこえる事業所が認定を受けており、その取り組み事例の普及に努めている。

エコ事業所やＩＳＯ認証取得事業所に対する「エコひいき」も行っている。依怙ひいきではなく、エコな事業所をひいきにするのだ。現在はまだ、指名競争入札の際に優先指名する程度にとどまっているが、今後、もっと工夫をしたいと思っている。

公害対策は、規制的な手法や被害補償が中心だった。しかし地球温暖化防止は、「自主的な計画作成と自己評価」によって事業活動を改善してもらうという誘導的な手法が中心となっている。計画や成果の公表は、取り組みの客観性を担保するとともに、成果を皆で学びあうための仕組みだ。

「最近、いろいろな所からこういう計画をつくれ、あのデータを公表せよという話が多くて、仕事にならない」という声もいただくが、以上のような趣旨なので、ご理解いただきたい。また我々も、情報を市民や事業者から提供していただくだけでなく、それを集約したものをわかりやすく加工し、共有財産として市民、事業者に還元するよう心がけねばと思っている。

さて、事業者の取り組みをいっそう進めるには、①すぐれた取り組み事例の普及、②エコひいきの拡大、③環境税、炭素税など経済的手法の導入などが、今後の課題だと思っている。環境税については、全国的なレベルでの検討課題だ。これをペナルティのように受け取って反発する向きもあるが、私は、「努力した企業や個人が経済的にも報われる社会」にするための一つの手段だと思っている。現状はまだ、自己の信念や世間の評判を励みにして、いわばやせ我慢をしながら環境問題に取り組んでいる企業や個人が多い。これでは持続可能ではない。

エコな事業者が得をする、エコな活動が得になる、エコなライフスタイルが誇りになる。そんな社会や経済の仕組みをつくっていくことが大切だと、しみじみ思っている。

四　環境首都を支える人づくり、人の輪づくり

なごや環境大学

暮らしやビジネスを変える基礎は、人だ。ごみ減量のときもそうであったが、市民が動かなければ、暮らしも街も変わらない。そのためには環境人をつくり、その環境人の輪をつくることが必要だ。

そんな思いから、愛・地球博開幕直前の平成十七年三月二十日に「なごや環境大学」を開校した。

「なごや環境大学」は、大学と呼んではいるが、子どもから大人まで世代を問わない。環境に関心のある人は誰でも参加できる。固定したキャンパスを持たず、川も森も、リサイクル工場も、もちろん集会施設や学校も、まちじゅうがキャンパスだ。市民、企業、大学、行政が、垣根をこえて学びあい、実践する壮大な装置なのだ。目的は、「環境首都なごや」、そして「持続可能な地球社会」を支える「人づくり、人の輪づくり」。行動する市民、協働する市民として、「共に育つ（共育）」ことをめざしている。初代学長には、前名古屋大学総長の松尾稔先生に就任していただき、私は実行委員会の委員長を務めている。

もともと、なごや環境大学の構想は、中京女子大学の学長で理事長も務めておられる谷岡郁《くに》子《こ》さんの構想から始まっている。谷岡さんは、持続可能な社会をつくるには、環境ユニバーシティで人を育てることが必要と、愛知学長懇話会で提言しておられた。万博の年に期間限定で開講する考えだったようだ。それをヒントに私は、継続的な環境大学をつくりたいと思い、平成十三年四月の二期目の選挙公約に掲げた。谷岡さんは、「それは私のアイディアだ」と言いつつも理解してくださり、なごや環境大学の実行委員としてお骨折りいただいている。

なごや環境大学の開校初年度である平成十七年度は、共育講座（共に育つ講座）、国際シンポジウム、環境ハンドブックを三本柱に取り組んだ。

「共育講座」は、八十二コース四百七十六回開催し、延べ九千人が参加した。そのうちの一回、平成十七年十月には、私が「なごや環境学・地元に視る環境学」の講師となった。この共育講座は、一方通行のお仕着せの講座でないところに特徴がある。市民団体などが自ら企画し、公募で参加し、運営する講座が三分の二を占めている。ほかにも、大学生が自分の大学の単位として認定を受けられる専門的な講座もある。愛知学長懇話会の提供によるもので、市民も一緒に受講できる。

企業も積極的に講座を提供してくれている。紙のリサイクルやエネルギー問題など、企業の持ち味を生かした講座だ。ヒートアイランド対策のための保水性舗装など環境にやさしい工法は金がかかるが、これからの社会にはそれが必要だという講座もあった。振り返れば、昔はリサイクルペーパーも高かった。今は学校のノートなどはほとんどがリサイクルペーパーだ。需要がコスト高を吸収しているのだ。こうして、企業人のマインドも変わってきている。

リサイクル、グリーン購入、省エネ、身近な自然の再生、ＩＳＯなど市民レベル、企業レベル、大学レベルのさまざまな取り組みを「共育講座」に持ち寄り、暮らし、ビジネス、まちづくり、そして社会システムを変える大きな流れにつないでいきたい。

「国際シンポジウム」は谷岡さんにコーディネートをお願いした。開校初年度であり万博開催の年でもあるということで、夏の能楽堂、秋の国際会議場で国際シンポジウムを開催し、環境首都をめざす名古屋を内外にアピールした。谷岡さんの世界規模の人脈を駆使したことで、世界大学総長協議会や国連大学の方々にも参加していただいた。タイ・バンコクのサイアム大学総長のポンチャイさんや、オーストラリア・ニューイングランド大学学長のイングリッドさん、国際連合大学学長のヒンケルさんとは、ここで知り合った。それがご縁となって第一章でふれた海外での講演につながり、世界的にも「環境の名古屋」をアピールできた。

将来的には、途上国の若者たちが名古屋に行けば環境問題について勉強できると、短期留学してくるような大学にしたい。そのときには、万博の際に作り上げた一〇〇〇人ホームステイボランティアのネットワークが、きっと生かされるはずだ。

「環境ハンドブック」は、まさにエンサイクロペディア（百科事典）だ。たぶん、これだけよくまとまった環境問題の解説書は、世界にも例がないと思う。この本一冊で、名古屋の環境も、地球の陸地の四分の一で進んでいる沙漠化のことも、CO_2も、あらゆることが理解できる。総論だけでなく、市民が取り組む身近な自然の再生、公共交通の利用を三対七から四対六に高めるなごや交通戦略、楽しく歩けるトランジットモール、企業の取り組みなど具体的な事例も豊富に紹介されている。図版も多く、専門的なところをきちんと押さえながら、わかりやすく編集されている。

伏見にある環境学習センター「エコパルなごや」や市役所地下の書店、名古屋市立大学・名古屋大学・中京大学の生協で販売している。一冊千円だが、なごや環境大学受講者やまとめ買いの場合は八百円に割引される。ぜひ購入されることをお勧めしたい。

ただ、なごや環境大学では一つだけやり残していることがある。小中学校の生徒向けの環境ハンドブックだ。何度も繰り返すが、子どもから環境学習を始めることはとても大事なことだ。環境ハンドブックの小学生版、中学生版があれば、学校での総合学習の幅もきっと広がる。学校が環境というテーマを持ったら、樹木ひとつで、植物、文化、経済といろいろな話ができる。しかし、残念ながら初年度には、子ども版環境ハンドブックまで手がまわらなかった。

「なごや環境大学」は、市民、大学、企業そして行政が、人づくりを通して協働し、人の輪を広げて環境首都を実現させる装置なのだ。なお、なごや環境大学のホームページ（http://www.n-kd.jp）も、ぜひ一度ご覧いただきたい。

地域で活躍する人づくり

名古屋市では、なごや環境大学の開校以前から人づくりを進めていた。環境デーなごや、なごや環境塾、高年大学鯱城学園環境学科などがそうだ。

「環境デーなごや」は、「ともにめざそう環境首都なごや」をテーマに掲げ、平成十二年から続けている。春の地域行事と秋の中央行事で年間約四十万人が参加する。春の地域行事では、区役所、保健所、環境事業所はもちろん、市内のすべての小中学校、養護学校やトワイライトスクールなども会場になる。行政だけでなく、区政協力委員会、保健委員会や女性会、企業の皆さんが、環境をテーマにさまざまな取り組みを主催してくれる。とくに学校では、すべての市内小中養護学校、三百七十四校が「環境学習ウィーク　トライ&アクション」と称して、二週間の環境学習ウィークに児童生徒が主体的に取り組んだ内容を地域へ積極的に発信している。さながら、期間限定の「なごや環境大学」である。

「なごや環境塾」は、平成十二年から始めた環境人育成講座である。年に四十人ずつ育成し、今年の塾生で七期生になる。この塾の修了生たちは、着実に地域の環境ボランティアとして活動してくれている。「カンちゃんのダメダメ日記」を使って小学校の総合学習で活躍している浅井久美さんたちや、リコー中部の会社内の分別文化を創った柴垣民雄さんなどの一期生。市民緑地第一号の「ざわざわ森」を地元の市民と一緒につくりあげた二期生など、そうそうたるメンバーを輩出している。なごや環境大学の活動の中心である共育講座にも、なごや環境塾の修了生はいくつか参画している。

「高年大学鯱城学園」とは、健康で学習意欲のある六十歳以上の市民が、二年間、週一～二日、生活学科、園芸学科、陶芸学科、国際学科など十の学科に分かれて勉強する。もちろん入学金も授業料もあるし、クラブ活動もある。さながら青春時代のように学校生活をすごすもので、そのなかに、環境学科がある。年間四十五人がここを卒業していく。卒業後も同級生がグループになったりして、学んだことを市民に伝える活動をしている人も少なくない。森づくりや堀川浄化の活動をしているグループにも、元気なお年寄りの卒業生が活躍している。

このように、ごみ問題に端を発してやみくもに始めてきたいくつかの事業が、それぞれの場に根づき、花を開き実を結びつつある。その人たちが、各地の活動や環境デーに参加したり、なごや環境大学を支えたりしている。私たちが当初想定しなかった勢いで伸び、質を深化させている。

次の世代の環境人をつくる

学校教育における環境教育に大きな意味があることは、前にも書いた。その先駆的な取り組みが、ヤングなごやＩＳＯだ。幼稚園・保育園での「なごやエコキッズ」と小中学校・高校・養護学校での「なごやスクールＩＳＯ」を合わせて「ヤングなごやＩＳＯ」と呼んでいる。これはＩＳＯ一四〇〇一の子ども版であり、それぞれの園や学校が自主的にCO_2削減に向けて取り組むなかで、子どもたちの環境に対する意識を高めている。

各園、学校では、子どもたちの環境行動の結果を振り返り、次の活動に生かしていくというＰＤＣＡサイクル（計画、実践、評価、改善）の考え方で取り組んでいる。平成十五年度から始めて、平成十七年度までに全園、全校が「なごやエコキッズ認定園」や「なごやスクールＩＳＯ認定校」となった。現在、幼稚園・保育園では、エコソング「みんなでへらそうCO_2」の活動にその運動をつなげている。

また平成十八年度は、小中学校での「エコフレンドシップ事業」も予定している。冬に、指定都市の子どもたちを名古屋に招待し「こども環境会議」を開催する。これに参加する名古屋の子どもは、夏休み中に五回の勉強会と知床世界遺産への視察を経験して臨むのである。子どもが主役であるこの取り組みも、全国に環境首都なごやをアピールすることになるであろう。

愛・地球博開会式に登場した未来の子どもたちは、紫外線よけの包帯を巻いていた。しかし、

「ヤングなごやＩＳＯ」で育った子どもたちの子どもたちは、きっと、包帯など巻くこともなく「おじいちゃん、おばあちゃん、ありがとう。すばらしい地球を贈り渡してくれて、本当にありがとう」と言ってくれることだろう。

第四章　環境首都のまちづくり

一　交通を変える

交通「四対六」プロジェクト

名古屋は他都市に比べて自動車への依存度が高い。このため、公共交通と自動車交通の割合が大まかに言って「三対七」となっている。東京では八対二、大阪は七対三で、公共交通利用のほうが圧倒的に多い。東京、大阪なみは困難としても、せめて「四対六」くらいにできないかと考えている。

かつては、地下鉄などの公共交通網が未整備だから自動車依存度が高いのはやむをえない、地下鉄整備が進めば公共交通主体のまちにできるだろうと、誰もが考えた。だから、必死になって地下鉄整備を進めてきた。しかし、大変ショックな現象ではあるが、地下鉄整備を進めても、それだけでは乗客数の増加を見込めない時代に入りつつあるようだ。

昭和四十五年当時、地下鉄の駅は三十駅にすぎなかったが、平成七年には七十四駅と二十五年間で二・五倍になった。その甲斐あって、一日あたりの乗客数はこの間に三倍近くに増えた。この頃までは、順調だった。

しかしその後は、路線が延び駅が増えても乗客数が増えなくなった。地下鉄環状線の開通で、今は八十三駅とさらに増えている。しかし乗客数は、平成七年度の一日あたり百十三万人に対して十六年度は百十万人、わずかとはいえ減少している。平成十七年度は万博効果でかなり増えたものの、これは一時的な現象と見るべきだろう。

このような乗客数のジリ貧は、市営地下鉄だけの現象ではない。私鉄とJRの乗客数は、合計で平成七年度以降一割以上も減少している。私鉄に比べれば、地下鉄の場合は路線延長のおかげで小幅の減少に抑えることができたということだ。

この背景として、二点が考えられる。

第一は、乗用車保有台数の増加だ。平成七年以降も、約一割増加している。

第二は、就業者数の減少だ。ここ十年ほどの間に、市内の就業者数は十五パーセントも減ってしまった。景気の影響、リストラやIT化の影響といった要因もある。しかし、人口ピラミッドの影響という社会構造的要因も大きい。

人口減少の開始よりも一足早い平成七、八年頃から、全国的な傾向として労働力人口の減少が始まっている。日本の人口ピラミッドは、この頃から定年退職する年齢層のほうが新卒者（新規就職者）の年齢層よりも多くなったのだ。団塊世代の退職期には、さらに大きく減るだろう。鉄道各社は、こうした就業者数の減少や就労形態の変化のあおりを受けて、通勤定期客の減少に悩んでいる。もちろん学生数も減っているので、通学定期客も減っている。

このように、地下鉄を整備すれば公共交通主体のまちを実現できるという単純な考えは、もはや通用しなくなった。交通事業の枠内での議論ではなく、「まちづくり全体」での取り組みが必要になっている。

そんな思いから、名古屋市交通問題調査会（会長・竹内傳史岐阜大学教授）に対して、「自動車利用の適正化を図り、公共交通への転換を促進する施策」を諮問した。一年以上の審議を経て、平成十六年六月、「なごや交通戦略」として答申を受けた。

数値目標は「二〇一〇年頃を目標に『三対七』を『四対六』に」すること。

施策の柱は、①都心の自動車減量、②駅そばルネサンス、③使いたくなる公共交通、④交通エコライフの四本だ。

東京、大阪、名古屋の鉄道事情

「名古屋の地下鉄は、東京や大阪に比べて不便だ」という声を、よくいただく。要するに、「駅が少ない、電車の本数が少ない」という不満だ。そこで、東京、大阪、名古屋の鉄道事情を比較してみよう。別図をご覧いただきたい。

結論からいうと、名古屋の人口密度は東京や大阪の半分しかない。だから、人口規模相応に地下鉄が整備されているものの、距離的にはまばらになってしまう。人口密度が半分なので、

地下鉄乗客数の推移

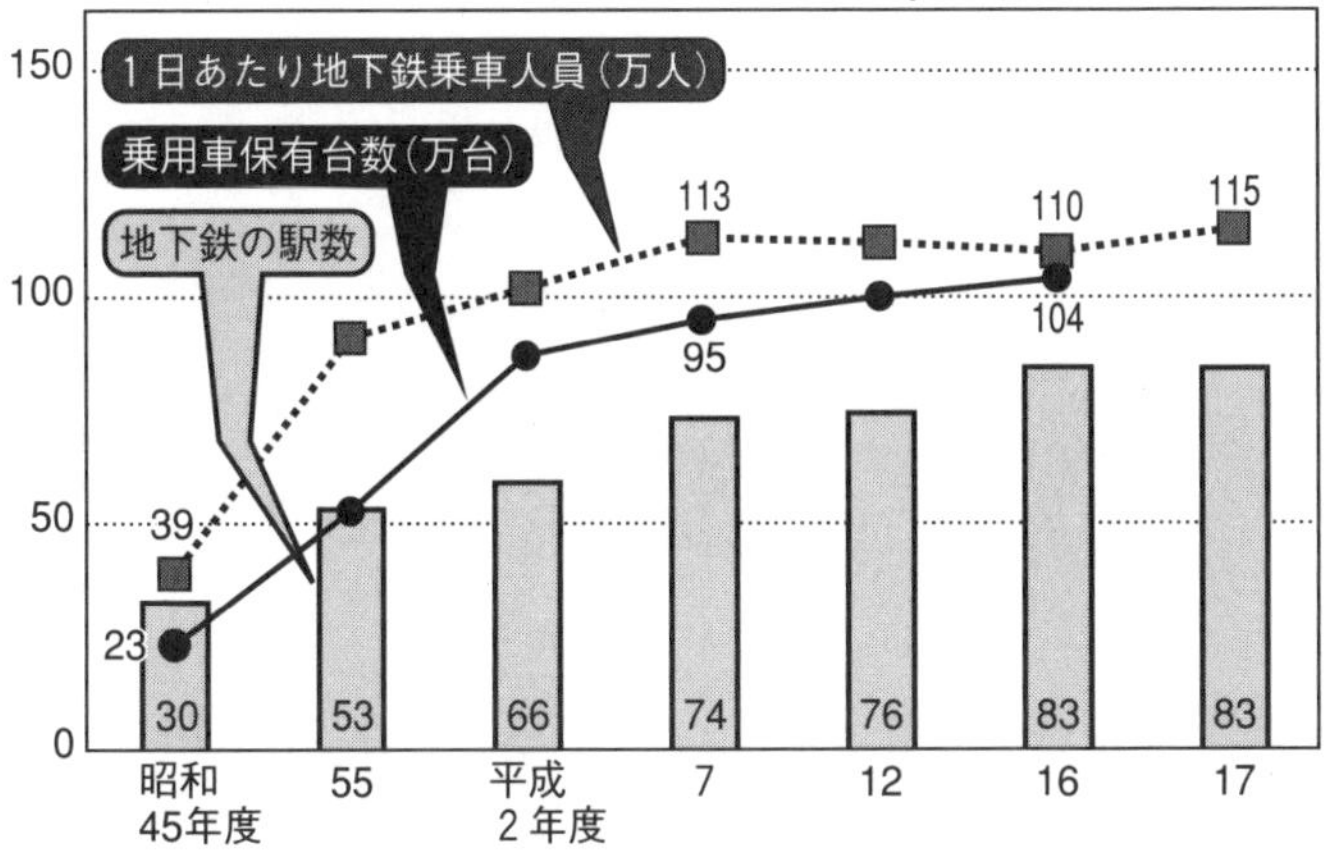

東京・大阪・名古屋の鉄道事情比較

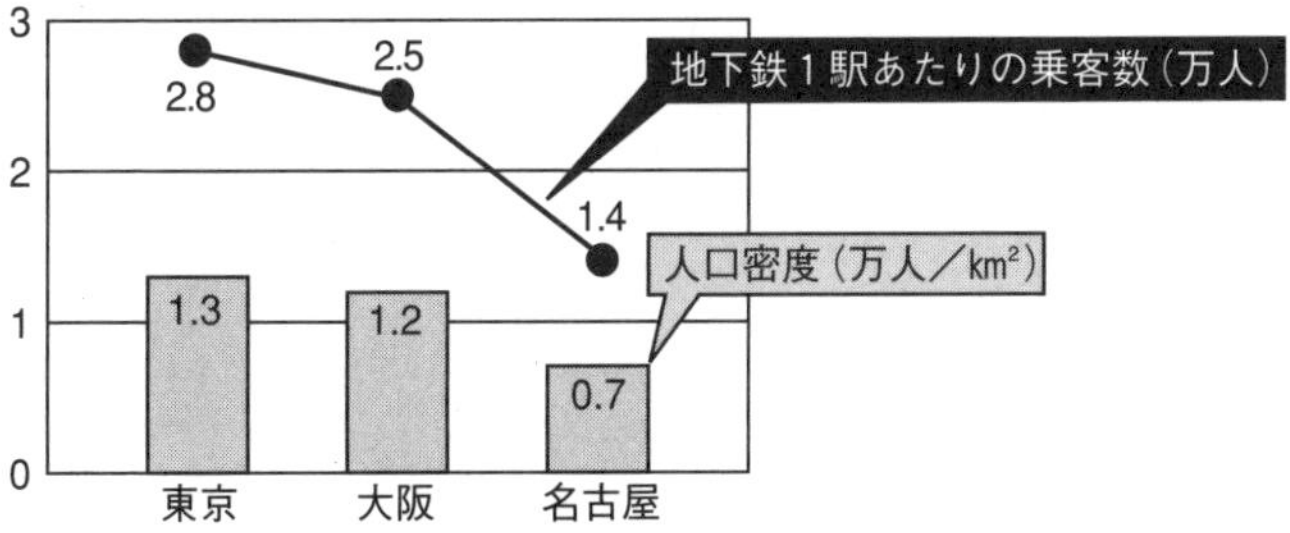

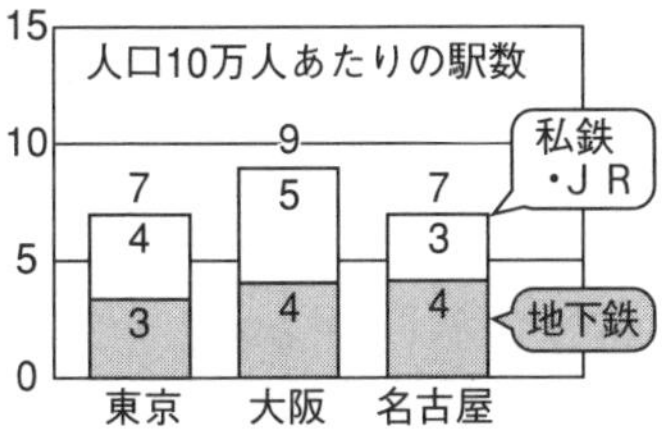

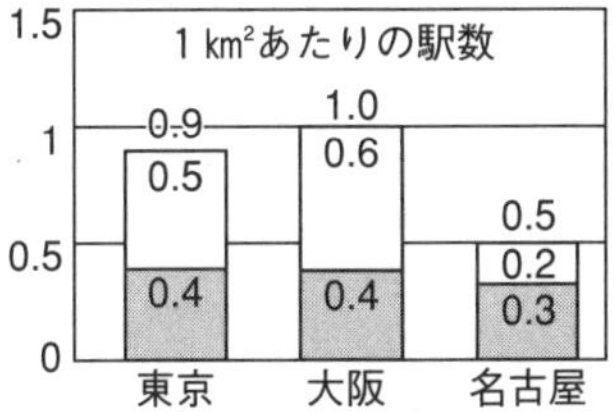

地下鉄一駅あたりの乗客数も半分。したがって東京のような運行頻度は無理だし、採算も取りにくいというのが大きな悩みだ。

もう少し具体的に見てみよう。まず、「駅が少ない」か？　人口十万人あたりの駅数をみると、地下鉄では、東京三駅、大阪四駅に対して名古屋は四駅。私鉄やＪＲを含めると、東京七駅、大阪九駅、名古屋七駅。人口あたりでは全く遜色がない。

「どれだけ歩けば駅にたどりつけるか」？　一平方キロあたりの駅数を比べると、東京は地下鉄・私鉄・ＪＲの合計で〇・九駅、大阪は一駅。一平方キロに一駅ずつあるということは駅と駅との平均距離が一キロ、つまり、五〜六百メートル歩けばどこかの駅にたどり着くという計算だ。これに対して名古屋の場合は〇・五駅、つまり二平方キロに一駅だ。したがって、東京や大阪よりも四割ほど余分に歩かなくてはならない。

人口あたりの整備水準では東京・大阪と遜色がないにもかかわらず、距離的にはまばらになってしまう。その背景には、人口密度の違いがあるのだ。ややこしい説明をしたが、愚痴をこぼしたかったわけではない。こういう現実は現実として、きちんと押さえておく必要がある。こうした大きな壁を無視して、夢や願望だけを語るわけにはいかないからだ。

使いたくなる公共交通

交通問題調査会からは、公共交通エコポイント、ちょい乗りシステム、乗車券のＩＣカード化、乗りかえ利便向上のための共通運賃制度などの提言をいただいた。

公共交通エコポイントの発想は、「百貨店などで駐車場料金の無料サービスをしているが、地下鉄利用者と比べて不公平ではないか。駐車場料金の無料サービスをやめるか、地下鉄料金サービスも同時に行うべきではないか」という素朴な声が発端となって生まれた。平成十六、十七年度に行った社会実験を踏まえ、ＥＸＰＯエコマネーとも連携しつつ実用化の準備を進めている。

ちょい乗りシステムというのは、従来のバス路線が通勤移動に重点を置いているのに対して、買い物や通院など日中の自由移動に向いた身軽で柔軟な仕組みができないかという発想だ。「都心型」としては東京の八重洲口や丸の内で企業協賛による無料巡回バスが運行されているし、「ご近所の底力」型としては、学校のスクールバスの空き時間活用とか、スーパーや病院などを回るルート設定で乗客と協賛金の双方を確保する試みとか、全国にいろいろな事例がある。名古屋では現在、市費による赤字補塡によって公共施設などを回る地域巡回バスを運行しているが、今後は、ルートの性格についても運行経費の支え方についても、多様な可能性を掘り起こす必要がある。

乗車券のＩＣカード化は、利用者の便益を高めると同時に、多様なサービスの展開や他の交通事業者との連携の基礎ともなる。平成二十二年度導入をめざし、準備に着手している。

さて、交通問題調査会答申の具体化とは別に、平成二十二年度までの五年計画で、市営交通事業の経営改善にも取り組んでいる。

〈五年間で累計百七十五億円の人件費削減〉管理職は十三〜十パーセント、一般の職員は八〜五パーセントの給与カットを実施した。バス事業の二割をめどに民間への管理委託も進める。

〈乗客サービスの向上〉なごや乗換ナビ（ネットを使った時刻・経路・料金などの検索サービス）による便利な情報提供、地下鉄駅やバス車両のバリアフリー化、低公害バスやアイドリング・ストップバスの導入（目標六十パーセントおよび百パーセント）などを進める。

〈利用促進〉ドニチエコきっぷ（土・日・休日・毎月八日の環境保全の日に使えるバス・地下鉄一日乗車券）を従来の一日乗車券より三割安い六百円で発売している。また、バス通勤定期の全線化（バス定期を持っている人は通勤経路以外もバス乗り放題）なども始めた。

これらによって、バス、地下鉄ともに、平成二十二年度には経常収支を黒字化する計画だ。

「市バスや地下鉄は高いと思う」という一風変わったシリーズもののポスターを連貼りしたり、駅員の愛想が良くなったり、市バスの運転手がお得なサービスを車内アナウンスしたり、最近、交通局の姿勢が少し変わってきたように思うのは、身びいきだろうか。

　公共交通の危機は、先にもふれたように市営交通に限った話ではなく、都市問題としての性格が強い。しかし、都市問題の側面を明確化する意味でも、「経営努力が足りないからだ」といわれるような余地をなくさなくてはならない。そうした不退転の決意で、経営改善に取り組んでいる。

二　都市構造を変える

駅そばルネサンス

最近、まちづくりの専門家の間で「コンパクトシティ」という言葉が盛んに使われるようになった。なごや環境大学発行の「環境ハンドブック」によれば、この言葉はアメリカ生まれのヨーロッパ育ちだそうだ。一九七〇年代に都市の郊外拡大に対する警告として提案され、一九九〇年代に入ると「持続可能な都市づくり」の視点からEU諸国で注目されるようになったという。

自動車が普及する以前の都市はどこも、鉄道駅や市電の停留所を中心とした徒歩圏のまとまりに支えられており、大なり小なり「コンパクトシティ」だった。しかし自動車の普及によって、駅から離れたところでも都市生活が可能になった。コンパクトだった市街地は、郊外へどんどん拡散し人口密度を薄めていった。

市街地における人口密度の低下というと実感のない方が、多いかもしれない。しかし、庄内川と天白川に囲まれたいわゆる旧市街地についてみると、この四十年間で人口すなわち人口密度は二割減っている。「そんなはずはない。住宅の数はむしろ増えている」とおっしゃるかもしれない。確かに世帯数は、四割も増えている。ところが、この間に家族の少人数化が進み、かつては一世帯あたり平均四人だったのが、いまでは二人ちょっとにすぎない。だから、家の数は増えても、人口は着実に減っているのだ。

こうした市街地における人口密度の低下は公共交通の成立基盤を弱め、自動車依存をますます強める結果となった。同時に、他の社会資本の利用効率も低下させている。

そこで、①市街地拡大の抑制（駅を中心としたコンパクトな市街地形成）、②職住近接（複合的な土地利用）、③車に依存しなくても生活できるまち（公共交通機関のネットワーク）、④オープンスペースの確保（都市的土地利用のコンパクト化により、ゆとり空間を捻出）、⑤大都市では駅を中心としたいくつかのまとまりに分節化、などが提唱されるようになった。

これらの主張の一つひとつは、目新しいものではない。それが近年にわかに切実さを増してきた背景には、第一に環境問題、第二に人口減少がある。

環境問題とのかかわりでいえば、市民生活にともなうCO_2のうち自動車利用によるものが三十七パーセントを占めており、自動車から公共交通へのシフトは持続可能な都市をめざす上で最重要の課題だ。しかも、人口密度と自動車依存度は反比例の関係にある。市街地の人口密度が低下すれば、公共交通を支えることが難しくなる。こうして、駅周辺をコンパクトな市街地に再生することが、二十一世紀の都市政策の大きな課題になってきた。

人口が増加している時代には、とりあえず地下鉄を郊外に延ばして基盤をつくっておけば、次第に人口が増えて便利な市街地に育つだろう、地下鉄の採算も取れるようになるだろうと考えることができた。名東区や天白区が、その良い例だ。しかし日本の人口は、減少し始めた。新規拡大ではなく、これまで営々と築いてきた既存の社会資本を有効活用することが重要課題になってきた。

こうしたコンパクトシティの考え方を名古屋流にアレンジしたのが「駅そばルネサンス」だ。『駅そば』とは、駅で食べる立ち食い蕎麦のことではなく、駅のそば、つまり駅前よりもう少し広い範囲のことです」と、答申を受け取るときに竹内会長からうかがった。「なごや交通戦略」では、駅そばを「車に頼らなくてよいコンパクトなまち」にすることをめざし、①生活利便施設や公共施設を駅周辺に誘導する、②駅そば居住を促進する、③楽しく歩ける生活道路やちょい乗りシステム等により駅への移動を支援する、などを提言している。

今後、単身世帯、共働き世帯、高齢者のみ世帯など、便利な駅そば居住を求める層が増えてくるに違いない。十年、二十年かけて駅そばを再生することは不可能ではない。また、公共施設の建て替えに際しては、車利用をしなくてもよい駅そばを原則にし、駅そばに移転用地が見つかるまでは建て替えないくらいのことも必要かもしれない。

先に、環状線の完成にもかかわらず、地下鉄乗客数は前年よりは延びたものの長期的には減少気味と書いた。しかしこれは、環状線効果を否定したのではない。第二日赤病院などは医療圏が環状線沿いに大きく伸びた上、自動車で来る人が半減したそうだ。また環状線東部は、マンションブームとなっている。既存市街地を再編・再生する上で、環状線は大きな効果を発揮した。ただ、全体としてのモータリゼーションの進展や就業者数の減少が、環状線効果を減殺したということだ。

環状線東部で起きているような駅そば型のまちづくりが、あおなみ線沿線や数年後には地下鉄が延伸する徳重駅周辺でも進むことを願っている。都市政策として、それを誘導することが大切だと考えている。

楽しく歩ける都心の再生

EU諸国では多くの都市が、①公共交通の再生（パークアンドライドや優先信号など）、②都心の再生（歩行者天国、まちなみ保存などの文化・観光振興）、③身近な自然の再生（河川や里山など）という「再生三点セット」に取り組んでいる。

「なごや交通戦略」でも、都心における「自動車流入の抑制と楽しく歩けるまちづくり」にむけて、①パークアンドライドによる自動車の流入抑制、②違法駐車の抑制、そして中長期的な課題として、③トランジットモールや道路課金を検討すべきとの提言をいただいた。

パークアンドライドというのは、郊外駅の近くの駐車場に車を置いて、公共交通機関に乗り換えて通勤することである。環状二号線を関所に見立てて、この内側へ入って来るマイカー通勤などを抑制しようという発想だ。現在は市内ではまだ四百台程度だが、せめて名古屋都市圏で一万五千台は欲しいと思っている。そこで、鉄道駅のそばに立地している大型店や民間駐車場に対し、駐車場の一部をパークアンドライド用にすることを働きかけている。また、県や周辺市町村、鉄道会社にも協力を要請している。

トランジットモールというのは、公共交通の乗り入れする歩行者天国のことだ。EU諸国の都心の多くは、一九七〇〜八〇年代に自動車の増加や商店街の衰退に悩んだ。悩んだ末に歩行者天国にし、歴史的な建物を文化施設や商業施設として再生し、都心をよみがえらせた。ウィーンのように地上は完全な歩行者天国にして地下に鉄道を通しているところもあれば、フライブルクのように市電など公共交通を乗り入れているところもある。前者はフルモール、後者はトランジットモールと呼ばれている。

たいていは、古い城壁を取り払った跡地が都心の外周道路になっていて、通過交通はここで迂回させている。都心へ向かう人は、この都心外周道路沿いの駐車場に車をとめて、都心の中はゆったり歩くことになる。だから都心の道路は、①都心外周道路（通過交通の迂回路、沿道には都心へ向かう人の駐車場）、②目抜き通り（歩行者天国）、③地区内サービス用道路という三つに機能分担されていることになる。名古屋でいえば、若宮大通や桜通、空港線が、この都心外周道路にあたると言ってよいだろう。

皆さんも海外旅行に行ったとき、歩行者天国のオープンカフェでくつろいだ経験がおありだと思う。名古屋の都心にも、やはりこうした遊歩道がほしい。名古屋の都心は、ブランド店などの進出で賑わっているが、ゆったり歩くにはほど遠い。

名駅から栄にかけて、車道を通るのはバスとタクシーなどの公共交通だけにして、その分歩道を広く取り、並木も二重にする。できれば、歩道の端にフライブルクにあるような水路を設け、余っている地下水とか下水の高度処理水を流して都心に涼を呼びつつ、最終的には堀川の浄化用水にする。広い歩道をゆったり歩き、オープンカフェでくつろいだり路上パフォーマンスを楽しんだりできるようにしたいと思うのだ。

名づけて「広小路ルネサンス」である。平成二十二年は広小路ができて三百五十年。これを機に、名古屋の都心に歩く楽しさと賑わいを復活したい。とはいえ、いきなりというわけにはいかない。まず社会実験ができないかと、関係機関や地元の方々との話し合いを始めたところだ。

歩道をゆったりさせるだけでなく、ビル一階部分は店舗とし、賑わいを連動させることも必要だ。沿道の地権者に、賑わいづくりへの貢献を働きかけている。広小路通建築物低層部店舗化促進事業だ。

　その第一号が、平成十八年六月にオープンした。これまで事務所だったビル一階の角地が、フラワー・ギフトショップに生まれ変わった。ロハス（健康と環境を大切にするライフスタイル）を意識し、農薬散布を抑えた花や有機栽培の野菜や果物なども扱うユニークな店舗だ。中二階は、サロンや教室スペースになっている。こうした動きが広がっていくことを願っている。

　持続可能な都市（サスティナブルシティー）は、環境とともに感性も大切にしなくてはならない。そのためには、感性をやさしく包んでくれる「楽しく歩ける都心」が必要だ。「小ぎれいだけど情緒に欠ける、快適だけど退屈なまち」という名古屋のイメージは、そろそろ返上したいと思うのだ。

三　自然の空調機能を生かす

八月七日の名古屋の気温

愛・地球博が真っ盛りの平成十七年八月七日、四百名の市民が市内の約二百か所で一斉に気温測定を行った。市内だけでなく、参考地点として海上の森でも測定した。早朝五時から眠い目をこすり、暑さや蚊に悩まされながら夜の八時まで取り組んだ。

「暑熱化するまちの中にこそ、潤い、緑あふれるクールアイランドを取り戻したい。私たち市民自らの手で、名古屋のどこが暑いのか、そして、どこが涼しいのか明らかにしたい……と思いました」というのが、市民が立ち上がった理由だ。

案の定、都心と東部の緑地では大きな気温の差があった。栄と海上の森を比べると、一日を通して一貫して四度の気温差があった。やはり都心は暑い。しかし、うれしい発見もあった。東山公園の樹林地の気温は、海上の森とほとんど同じ涼しさだった。東山ほどではないが、森林公園、八竜緑地、猪高緑地、相生山緑地などもクールアイランドを形成していた。

こうした気温差の原因を、報告書では次のように分析している。

「都心部では建物の密集する中で日射が相互反射を繰り返し吸収し、…コンクリートやアスファルトが日射を蓄熱するとともに、その熱で空気を暖めていること。東部丘陵林内では、樹量が豊富で日射遮蔽効果と蒸散が活発であるため、低温であることによると考えられる」

かつては、猿投山から覚王山あたりまで一続きの森だった。だから東山は、海上の森に住むモリゾーの庭の一部だった。しかしその後、モリゾーの庭は次第に狭くなり、分断されてしまった。それにもかかわらず、東山の気温は海上の森と同じ水準に保たれている。市内にも、モリゾーやキッコロが過ごせる環境が残っていたのだ。

ささしまサテライト会場の一角で測定した市民は、報告書の中で次のように書いている。

「観測地点は運河の堀留めにあると聞いておりましたが、実際に南よりの風が心地よく吹いており、想像していたよりも涼しく感じました」

測定結果を見ると、笹島と栄は一日中ほとんど同じ暑さだったのだが、風の存在が体感温度を下げてくれたのだ。

荒子川公園を担当した市民は、

「最初に声をかけてきた人は、大変親切な方で、その後何度も様子を見に来て下さった。ある時は大量の冷たい飲み物とパンを持って。ある時は蚊取り線香を持って。……」

と書いている。測定に直接携わった人以外にも、多くの市民がこの取り組みを支えたのだ。

この取り組みは、なごや東山の森づくりの会などの市民グループと名古屋工業大学堀越研究

名古屋の気温

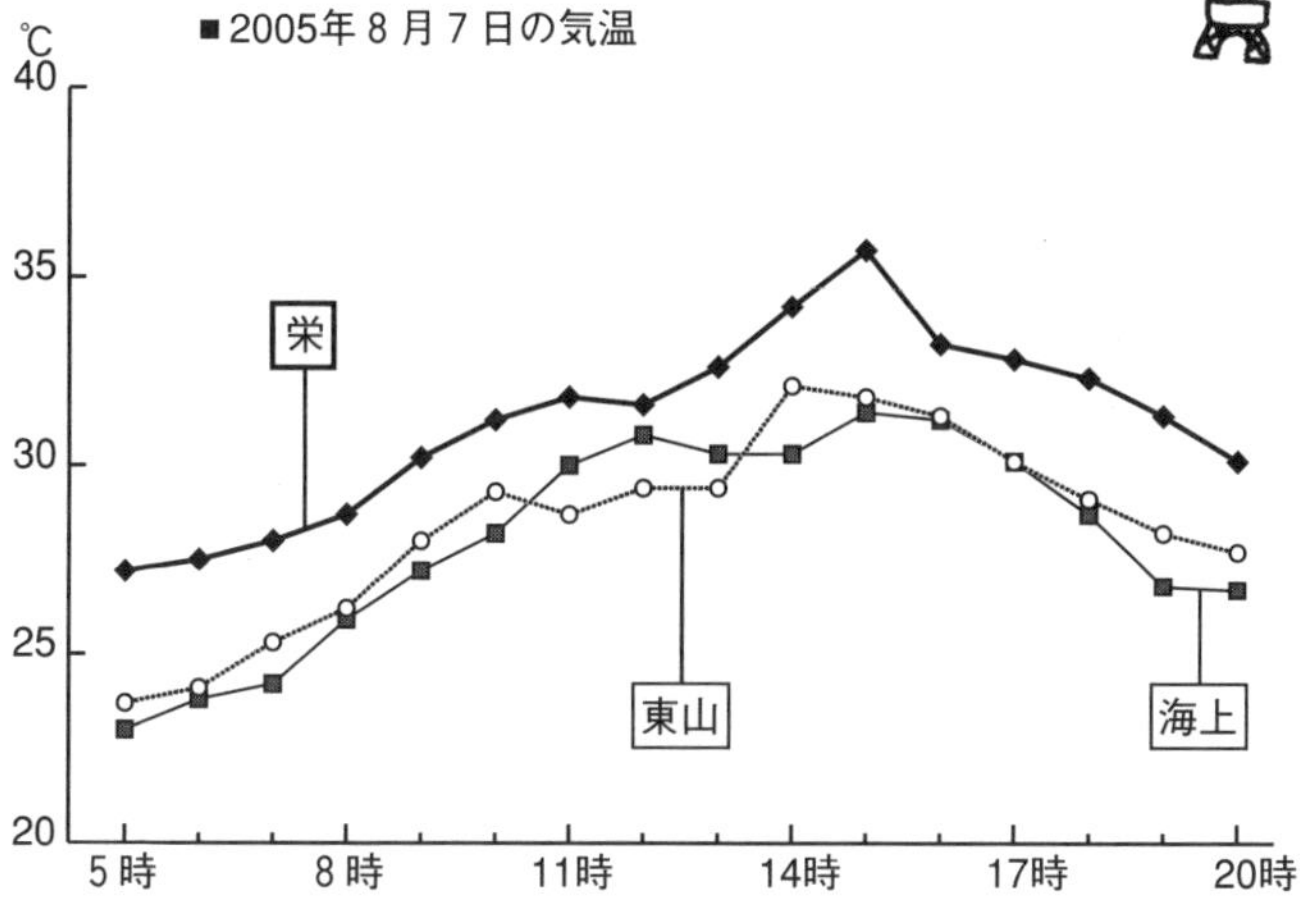
■2005年 8 月 7 日の気温
℃
40
35
30
25
20
栄
東山
海上
5 時
8 時
11時
14時
17時
20時

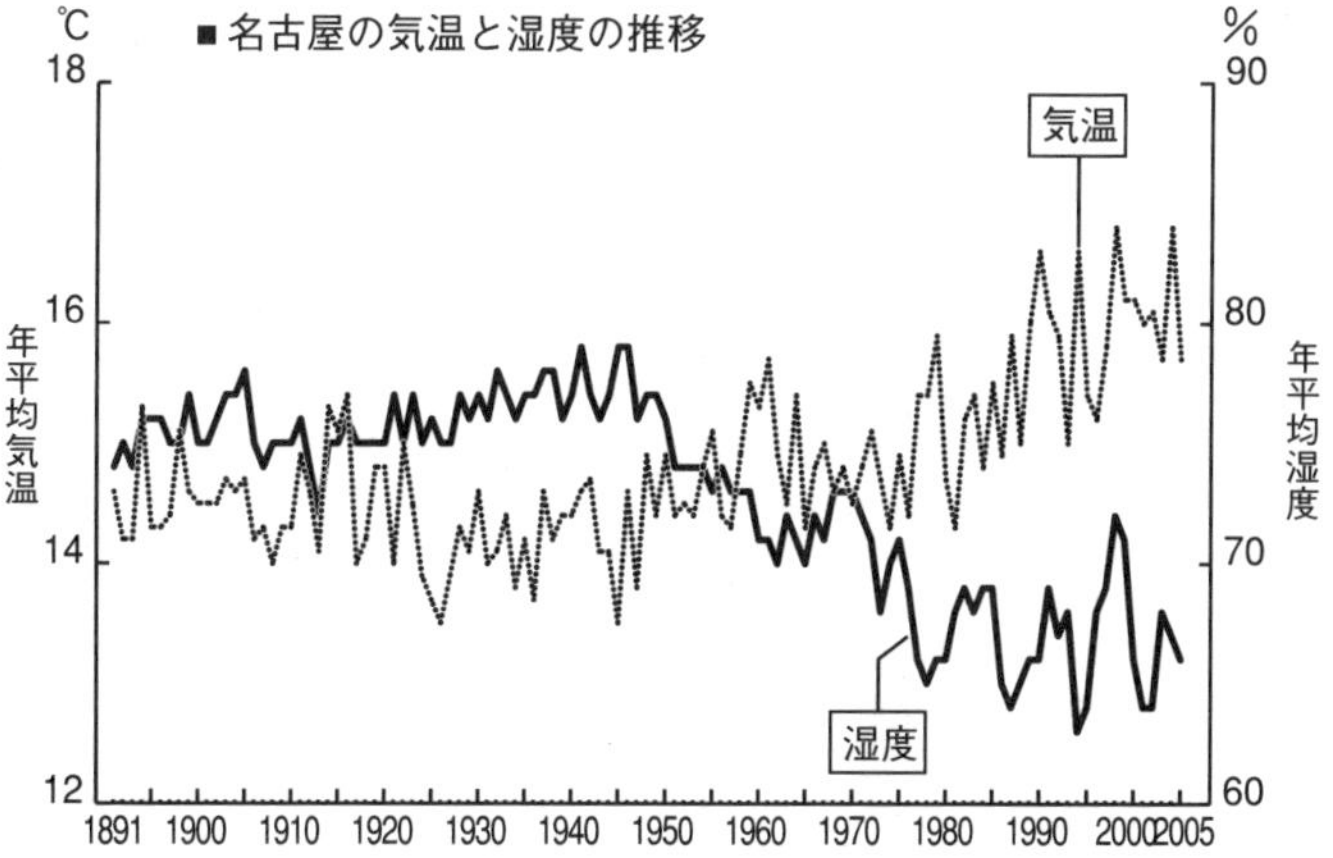
■名古屋の気温と湿度の推移
℃
18
16
14
12
年平均気温
%
90
80
70
60
年平均湿度
気温
湿度
1891
1900
1910
1920
1930
1940
1950
1960
1970
1980
1990
2000
2005

室が実行委員会を構成し、十四の企業・団体の協賛を得て実施された。市民が汗を、大学が知恵を、企業が金を出しあったのだ。名古屋市の職員も、測定を分担したり協賛金集めに力を貸すなど、縁の下の力持ちとして働いた。

この取り組みが成功した背景には、数年前に結成された「なごやの森づくりパートナーシップ連絡会」の存在が大きい。日頃は東山、荒池といった地域ごとに活動している二十七のグループが加盟し、相互の交流や関係行政機関との連携を図っている。こうした日常的な交流があればこそ、今回のような取り組みに際してもパッと力を結集できる。また今後、市内に分散している緑の拠点をつないでいく上でも、大きな力を発揮するだろう。

これまでの気温測定は、少数の調査員が複数の調査地点を車で移動して行うのが普通だった。だから調査地点によって測定時刻が異なるため、データを時間補正して使っていた。当然、精度も落ちる。今回のような二百か所という規模で、しかも文字通りの同時刻という同時多点観測は、世界的に見ても画期的なことらしい。多数の市民が参加したからこそ、そして、協働文化を持つ名古屋だからこそ実現したのだ。

環境首都を支える協働の芽が、着実に育ちつつある。

水の環《わ》復活プラン

名古屋の気温の推移を見ると、昭和五十五（一九八〇）年ころから上昇が目立っている。地球温暖化とヒートアイランド現象の相乗効果だといわれている。ところが、グラフを見せられてビックリしたのだが、平均気温の上昇に反比例するように、平均湿度がはっきりと低下している。戦前を通じて七十五パーセント前後だった名古屋の平均湿度は、戦後に入ると急速に下がり始め、最近では六十五パーセント前後だ。

これはどうも、「水の循環」と関係しているらしい。

現在、名古屋に降る雨の十二パーセントが地下に浸透し、二十六パーセントが蒸発散（地表からの蒸発や樹木による蒸散）している。残り六十二パーセントが河川への流出だ。

これを昭和四十年当時と比べると、地下浸透は三分の一に減り、蒸発散も三割減っている。これでは湿度が下がるはずだ。地表を冷やしてくれる水分の蒸発が減ったわけだから、気温も上昇するのが当然だ。

ちなみに、道路の舗装率が九割を超えたのは昭和五十五年で、湿度が六十五パーセント前後になった時期と符合している。それ以後は湿度があまり下がらなくなったのも、舗装されつくしたからと考えれば納得がいく。

今の子どもたちは、道路といえば舗装してあるのが当たり前と思っている。しかし、終戦直後の舗装率は一割、昭和四十年でやっと三割強だった。道路を舗装することは皆の願いだったが、一方で気候の変化を引き起こしていたのだ。もちろん、道路舗装だけが原因ではない。住宅も事業所も敷地内を舗装することが当たり前になった。おかげで、雨靴は死語になりつつある。

こうして雨が地面に浸透しなくなったため、降った雨は一気に川へ流れ込むようになった。雨水の流出量は三十五年間で二・三倍になった。一見、河川の水量が豊かになったように思えるが、そうではない。昔は雨が降っても地面に蓄えられて徐々に川へ流れ込んでいたのだが、いまは一気に流れ込む。大雨のときには川はあふれ、晴天のときには下水処理水を水源にして水量を保っているというのが実情である。

ところで、我々がふだん使っている水は、木曽川から取水している。名古屋に降った雨ではなく、木曽川の上流に降った雨を使って市民生活を支えている。その量は、市内の降雨量の約九割に相当する。

さて、下水の整備によって、河川の水質は大幅に改善した。堀川のＢＯＤ（生物化学的酸素要求量）は十分の一に減った。しかし、下水処理場ですべての汚濁物質を取り除けるわけではない。窒素やリンなどは十分に取り除けない。また、天ぷら油などは分解できない。だから、多くの川でコイやフナがすめるようになったものの、アユやニジマスがすめるレベルというと、

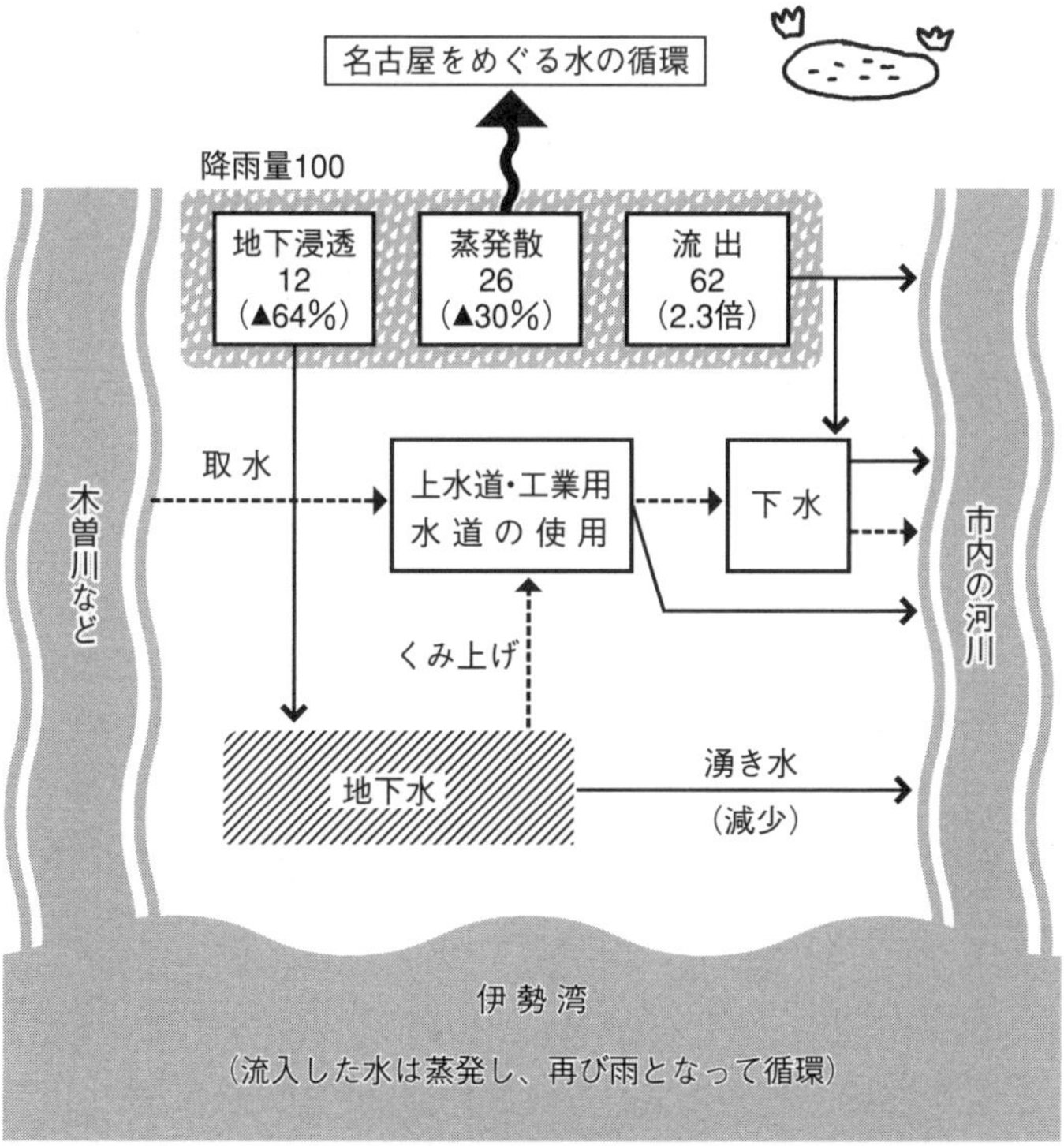

平成13年の年間降雨量を100とした場合の割合。
（　）内は、昭和40年と比較した増減率。
→ 雨水の移動
---→ 上水・工水の移動

山崎川や扇川の上流など一部に限られている。

このように、①雨水の地下浸透の促進、②下水道の改善による河川の水質改善、③下水再生水や漏出地下水などの有効利用、④水と緑のネットワーク化などにより、健全な水の循環を回復することが課題になっている。

こうしたことから、「水の環《わ》復活プラン」の策定に取り組んでいる。なごや水の環復活推進会議（座長・大東憲二大同工業大学教授）において、専門家の知恵を借りながら市の関係職員も一緒になってプランづくりを進めている。ようやくたたき台がまとまったところで、これからパブリックコメントを経て最終案をまとめる予定だ。

水の環《わ》復活の取り組みはようやく始まったところだ。しかし、平成十七年度から始めた水辺モニターに三十五グループ百九十人の市民が活躍するなど、市民の水辺への関心は強い。市民と力をあわせながら、水の環《わ》を復活させ、潤いある都市環境を実現したいと思っている。

自然とは複雑なもので、極めて精妙なメカニズムでバランスを保っている。人間は、その精妙なメカニズムに影響を与えている。人々の願いであり、文化生活のバロメーターだと思って進めてきた道路舗装も、そうした自然のメカニズムに大きな影響を与えていることがわかった。わかったが、道路をもとの土に戻すわけにはいかない。公園や緑地を増やす努力を営々と行いつつ、水循環も考えねばならない。これからのグランドデザインはそうとう高い次元で考えねばと、この稿を書きながら思っている。

脱ヒートアイランド

ヒートアイランド現象の原因の第一は、「自然の持つ空調機能」の衰退だ。土の地面や緑の減少によって、水の蒸発散という冷房装置が弱まる一方、コンクリートやアスファルトが昼間の熱気をため込んで夜になっても涼しくならなくなったのだ。

したがってヒートアイランドを緩和するには、「水や大気の循環」を促し、「自然空調」を再生すればよい。自然空調の担い手は、水、緑、風の三つだ。

〈水〉地面の中の水分を増やす。道路、公園、宅地や駐車場を問わず、舗装材を透水性にしたり、舗装面を減らしたり、雨水ますを浸透式にするなど雨水の地下浸透を促進する。

〈緑〉緑を増やして葉からの蒸散作用を促進するとともに、日差しを和らげる。公園・緑地の整備、民有緑地の保全・活用、住宅や事業所の敷地内緑化、屋上・壁面・ベランダ緑化などを進める。

〈風〉河川を生かした「風の道」によって、海風を市街地内に引き込む。

これらの取り組みは、都市の気候を和らげるだけでなく、都市の景観や魅力も向上させてくれる。問題は、これらの自然を回復するスペースが確保できるかどうかである。

「駅そばルネサンス」のところでふれたように、今後人口減少に伴って、都市であると郊外であるとを問わず、家並みが次第にまばらになっていくことが想定される。これは一面では、都市の中のオープンスペース確保の大きなチャンスである。ただその際、空地は空地、家並みは家並みという具合に、できるだけまとめることが必要だと思う。

市街地全体を同じような歯抜け状態にしてしまうのではなく、駅そばは歯抜けにならないように人口密度を確保する。一方、駅から離れたところは、できるだけ空地をまとめて緑や水辺などのクールスポットにする。名古屋の場合、地下鉄などの路線と路線のちょうど中間くらいの位置、あるいは交差する形で、扇川、天白川、山崎川、新堀川、堀川、中川運河、荒子川などの水辺の軸がある。そして中心市街地全体は、庄内川で大きく囲まれている。そこで、住宅や都市施設は次第に駅そばに集め、空地はできるだけ河川沿いに集めてはどうか。

地下鉄沿線の「賑わいの帯」と河川沿いの「潤いの帯」が互い違いになって、タータンチェック模様になる。駅そばに住む人も河川沿いに住む人も、ちょっと散歩すれば賑わいと潤いのどちらも享受できる。駅そばルネサンスと脱ヒートアイランドの両方が実現できると思うのだが……。

平成十七年秋のなごや環境大学「まちづくりシンポジウム」の折、名古屋大学の片木教授は、「空地整理」という提案をされた。今後、歯抜け状に空地が増えるので、「耕地整理」ならぬ

「空地整理」でこれらを集約しようというのだ。また、百年後の名古屋について「市民は中心市街地に住み、西部の農地耕作権と東部の里山利用権を持つ」という提案もある。千年持続学を専門とする名古屋大学高野助教授が、同年夏に「なごやの将来を語る懇談会」の場で提案されたものだ。

いずれにしても、五年、十年という短いスパンではなく、五十年、百年という長期の視点で名古屋の都市構造をどうしていくのか、大いに議論すべきだと思う。

先人たちは六十年前、焦土の中で逸早く大胆な都市計画をつくり、百メートル道路や東部の緑地という貴重な資産を我々に残してくれた。当時のキーワードは「防災」、すなわち延焼防止だった。それは、つらい試練の後の見識だった。先人たちの試練には比ぶべくもないが、我々もこの間、試練を経験して「環境」というキーワードにたどりついた。ならば五十年先、百年先のために何を残すべきなのだろうか。未来の子どもたちのために、「ライフスタイルの変革」というソフトとともに、どんな「都市のかたち」を残せばよいのだろうか。大いに議論すべき時期が来ているように思う。私としては、空地整理とか撤退地域という考え方のもと、それぞれが豊かな空間を共有するまちづくりが大切になると思う。

さて、ヒートアイランド現象にはもう一つ原因がある。「人工排熱」の増加だ。市内での人工排熱は、①住宅やオフィス・店舗などの電力使用による排熱、②自動車による排熱、③工場排熱の三つが、それぞれ三分の一ずつを占めている。人工排熱を減らす方策は、基本的にはCO_2の削減方策と同じだ。

これまでさまざまな角度から見てきたが、住宅における対策について、あらためて次にふれてみたい。

志段味循環型モデル住宅

愛・地球博の開催中、守山区志段味に建てた環境配慮型のモデル住宅に、市民に体験入居してもらった。入居者の意見を今後の住宅設計に役立てるためで、市としては初の試みだった。ガイドウェイバスのバス停から歩いて二分という好立地で、日当たりもよく緑にも恵まれた環境にある。ガイドウェイバスとは、車輪にガイドをつけた特殊なバスで、専用の高架道路を走り、一般道ではガイドを収納して一般のバスと同じように走るバスである。実用化路線としてはドイツ、オーストラリアに続く世界三例目の画期的な交通機関だ。

さて、モデル住宅は市の住宅供給公社が民間企業の協力を得てつくったもので、全部で七戸。間取りや装備がそれぞれ異なっているが、次のような環境にやさしい工夫を凝らしてある。

〈環境にやさしい設計〉風通しや日差しを取り入れた設計（自然空調の活用）、高耐久化（丈夫で長持ち）。

〈環境にやさしい材料〉木材、珪藻土、自然系塗料、脱塩ビ材料、リサイクル材料（廃土利用かつ低エネルギー製造のタイル、高炉セメント）など。

〈断熱性向上による省エネ〉複層ガラス、厚い断熱材、屋上緑化（コケ）、壁面緑化（ツタ）。

〈省エネ型設備機器〉ガスエンジンコジェネ、家庭用燃料電池、多機能型エコキュートなど。

〈自然エネルギー〉太陽光発電（屋上型、塀と一体の両面受光型）、風力と太陽光発電併用の外灯、クールチューブ（地中熱を利用した室内空調）など。

〈資源の循環〉雨水利用（トイレ、散水）、透水性舗装（駐車場、通路）、共同生ごみ処理機。

このように環境技術をふんだんに取り入れると同時に、「コミュニケーション重視の空間設計」を行ったことも特徴だ。「持続可能性」を考えたとき、ハード面での環境効率も大切だが、家族間や近所づきあいというメンタルな側面、つまりプライバシーとコミュニケーションのバランスが重要な要素と考えた。

〈家族間のコミュニケーション〉共用空間であるＬＤＫと個室の柔軟な利用を意識した。

〈住戸間のコミュニケーション〉共用空間を取り巻くように住戸を配置し、変化のある共用廊下でつなぐ。玄関脇などに立ち話がしやすい人だまり空間を広めに確保。住戸開口部を広く確保しつつ、位置や向きを微妙に工夫してコミュニケーションとプライバシーの双方に配慮した。

〈敷地内外のコミュニケーション〉敷地内外の高低差や生垣、植栽により、ゆるやかな交流に配慮した。

こうしたコミュニケーション重視の賃貸住宅は、昭和初期の名古屋にもあった。文化のみちの一角にいまも残っている春田文化集合住宅だ。設計は、名高工（現在の名古屋工業大学）校長で後に京都帝大に建築学科を創設した武田五一。間取りは、愛・地球博で人気を呼んだ「サツキとメイの家」の先輩、つまり都市中間層住宅のプロトタイプで、洋風の生活が市民の間に普及する先駆けとなった記念碑的作品である。住戸配置の点では、十二戸の二階建が共用の庭を囲んでコンパクトにまとまっている。長屋の井戸端コミュニケーションを庭端コミュニケーションに変えて、新しい近隣関係を提案した傑作だ。

さて本題に戻ろう。志段味循環型モデル住宅の基本デザインは、名古屋生まれでニューヨーク在住の芸術家である荒川修作さんにお願いした。荒川さんは岐阜県のユニークなテーマパーク「養老天命反転地」で知られるが、モデル住宅の一戸は、荒川さんの主張が強く出た斬新なデザインのプロトタイプだ。残りの六戸は、かなり一般化した間取りにした。

我々は当初、荒川さんの基本デザインを見せられたときに戸惑った。これは「環境共生」住宅というよりは「人間共生」住宅ではないかと思った。荒川さんは、人間の外にある自然だけではなく、人間の内なる自然を重視しておられたのだ。「養老天命反転地」でもそうだが、わざと段差や傾斜、曲面を使って、人間の内なる自然すなわち五感を呼び覚まそうとしておられた。同時に、自然の循環と人間相互のコミュニケーションを一つの環《わ》のなかで捉えておられた。次第に、その意味がわかってきた。我々は当初、物理的な環境のことばかり意識していた。しかし住宅である以上、「持続可能性」のためにはエコとコミュニケーションは両輪だ。こうして、前述のようなきめ細かいコミュニケーションに配慮した設計が実現した。第一章でも述べたように、環境を支えるのは協働だ。その意味で荒川さんは、環境や循環を狭く捉えがちな我々の眼を大きく開いてくれた。

こうしたモデル住宅をモニタリングするため、八回にわたって体験入居してもらった。募集時にいちばん人気が高かったのはやはり荒川モデルだが、「今後住み続けたいですか?」という質問ではいちばん希望者が少なかった。遊び心は抜群だが、壁面に曲線が多く使われており、家具を置くと隙間ができて困るという意見だった。それはそれで当然だ。言ってみればアートとデザインの違いのようなもので、新しい文化を創造するためには、どちらの視点も必要なのだ。なお現在、これらの七戸はいずれも賃貸住宅として埋まっている。

このモデルハウスを発展させた環境に配慮した定住促進住宅を、今後二百戸つくりたいと考えている。十八年度に基本設計に入り十九年度に実施設計に入るので、細部はまだ決まっていないが、二百戸が一つのコミュニティーになるようにしたい。環境に負荷をかけず、しかも快適に住めるエコ・コミュニティだ。住民が自然に集い会話がはずむようなコミュニティーガーデンのようなものを中央につくり、その周囲を住宅が取り囲む。庭の一角では生ごみを共同処理する。建物は三~四階建て程度の中層になるだろう。完成したあかつきには、ガイドウェイバスに二階建バスを走らせることができないかと夢見ている。

第五章　環境首都の緑と水辺

一　東山の森づくり

奇跡的に残された森

私が訪問したヨーロッパの環境首都と呼ばれるフライブルクでは、清流が流れる美しい森の中に、環境学習の場が設けられ、そこで次代を担う子どもたちが学んでいた。地球環境を考える本当の心を育むには、環境に配慮したシステムや人づくりだけでなく、美しく快適な都市環境が必要だと思う。そのために大切なのは身近な緑と水辺である。

しかし、名古屋のように高度に発達した大都市は、ある面で緑や水辺を犠牲にしてきた。これは一面でやむ得ないことであるが、成熟社会に達したいま、市民の環境意識の高まりを背景に緑と水辺の回復に挑戦しなくてはならない。事実、タウンミーティングでも「花」「水」「緑」の提案は最も多く、発言する市民の顔も輝いている。

名古屋市を航空写真で見ると、市街地を取り囲むように、北から西にかけて川が流れ、東側は樹林地が天の川のように広がっている。その樹林地は、北から南へ小幡緑地、猪高緑地、平和公園、東山公園、牧野ヶ池緑地、相生山緑地、荒池緑地、大高緑地と連なっている。これらの樹林地は、戦前は市街地の無秩序な外延化を防ぐグリーンベルトとして、また、時代背景もあって防空緑地として、計画的に保全されてきた。また、市民生活においては、燃料にするための薪や肥料にするための落ち葉などを集める「里山」として利用されてきた。私も幼いころは、燃料にするため、ゴカキという熊手のような道具で松葉を集める手伝いを、よくやったものである。

しかし、戦後は東部の樹林地も大幅に減少し、いまでは前述の緑地などを残すのみとなってしまった。その残された樹林地の中核的な存在が、東山公園と平和公園を合わせた約四百十ヘクタールに及ぶ東山の森である。

東山動植物園の中央に、市制百周年記念事業で建てられた「東山スカイタワー」がある。標高八十メートルの地盤の上に建てられた展望塔であり、地盤高百メートル、標高百八十メートルの展望室からは、東側には愛・地球博のときの観覧車が見え、西側には名古屋の都心が広がり、晴れた日には木曽の御岳を望むこともできる。眼下には、四百十ヘクタールの東山の森が広がり、よく今日まで残されてきたものだと感嘆されるにちがいない。

その東山の森も高度成長期の生活様式の変化にともない、里山としての役割は失ってしまったが、市街地に近いわりには豊かな生態系を有していたことから、自然観察のフィールドとして自然愛護団体に利用されるようになった。

こうした背景のもと、平成十二年に策定した名古屋市の長期計画において、市民との協働で森を守り育てるリーディングプロジェクトとして登載されたのが「東山の森づくり」である。構想づくりの段階からプロセスを重視し、市民団体、地元住民、学識経験者、企業などとの協働により、足かけ四年をかけて「東山の森づくり基本構想」を平成十五年に策定した。基本構想では、森づくりを通じて共生型社会の実現をめざすことを基本理念とし、森を育て守ることはもちろんのこと、森づくりを都市生活に生かすことなどを基本方針とした。従来、森に求められたうるおいや安らぎといった機能のほかに、多様な生物の生息環境の確保やヒートアイランド現象を緩和する機能などが盛り込まれた。

そして、翌十六年には、基本構想で提案された協働の組織として「東山森づくりの会」が発足した。同会では、第四章で述べた名古屋気温測定調査をはじめ、自然観察や森の調査、ごみの清掃、雑木林や竹林の手入れ、湿地の復元などの活動を定期的に実施している。また、各種イベントにも参加し、東山の森づくりのPRや会員の募集なども行っており、現在では二百人ほどの会員が集まったと聞いている。

かつての東山の森は、先にも述べたように大半が樹林で覆われ、この地方特有の湿地が点在して貴重な動植物も確認されていたが、八ヶ岳で里山づくりを実践しておられる俳優の柳生博さんによれば、人が入らなくなったことにより、森が濃密になりすぎ極相林になっているという。極相林とは森が時間とともに成長して、生命力のある特定の樹木だけでできている森のことで、そこでは生物の種類も多くないそうだ。東山の森はそういう森になってしまっている。もっと人間の手を加えて、多様な植生と昆虫や小動物が生育できる豊かな森にしていくことが求められている。市民はそれを早くから理解し、森を守る行動を起こしていたのだ。柳生さんの話を聞いて、森づくりに大変参考になると同時に、私たちが進めてきた東山の森づくりにお墨付きをいただいたようで、大変うれしかった。

愛・地球博の会場計画は海上の「森」から始まった。そして、最終的に「自然の叡智（ネイチャーズ・ウィズダム）」というテーマに収斂され大成功を収めた。「森」から始まった愛・地球博の理念と成果を継承するのは、「環境と交流」を実践できる「森」であるべきだと思う。そういう意味では、高度に都市化されたなかに奇跡的に残された森があったことは名古屋にとって幸運であった。

東山動植物園と旭山動物園

前述した「東山の森づくり基本構想」は約四百十ヘクタールを対象としたものであったが、その中で、核となるのが東山動植物園である。東山動植物園は累積入場者一億四千万人を誇る日本有数の動植物園である。動物園と植物園が開園したのは、昭和十二年であり、以後七十年間、市内トップクラスの集客施設である。

動物園は、ドイツのハーゲンベック動物園の展示方法を採用し、動物を自然に近い状態で見せるため、人との間に檻を作らず、その代わりに飛び越えられないくらいの深い堀を作るといった最新の展示手法を取り入れていた。ライオンのような猛獣でも檻でさえぎられることなく見ることができ、当時は「東洋一の動物園」と賞賛された。動物数は開園六年後には、すでに千百四十二点を数え、ほかに娯楽も少ない時代であり、大変な人気を博したそうだ。また、植物園は、「東洋一の水晶宮」と呼ばれた、高さ約十三メートル、総ガラス張りの壮麗な温室を有しており、いまでは現存するわが国最古の温室となっている。近い将来、近代化遺産として重要文化財に指定される可能性があり、その手続きに入っているところだ。

戦後は、ゾウ列車、移動動物園、ニコニコサーカス、ゴリラのショーなどが人気を集めた。昭和四十二年に開園三十周年を迎えたのを機に、翌四十三年には「東山総合公園再開発計画」を策定し、それまで別々の有料施設として運営されていた動物園と植物園を一体化して、整備拡充を進めてきた。最盛期には年間で約三百三十九万人の入場者があったが、平成以降は、少子化、レジャーの多様化といった社会的な要因と施設の老朽化、展示の陳腐化といった内部的な要因などにより、入場者は減少の一途をたどっている。平成十七年度の動植物園の入場者数は百六十五万人となり、全盛期の半分以下まで落ち込んでいる。

一方で、ここ数年、毎年入場者を大幅に増加させ、全国の注目を集めている動物園がある。

東山動植物園入園者数

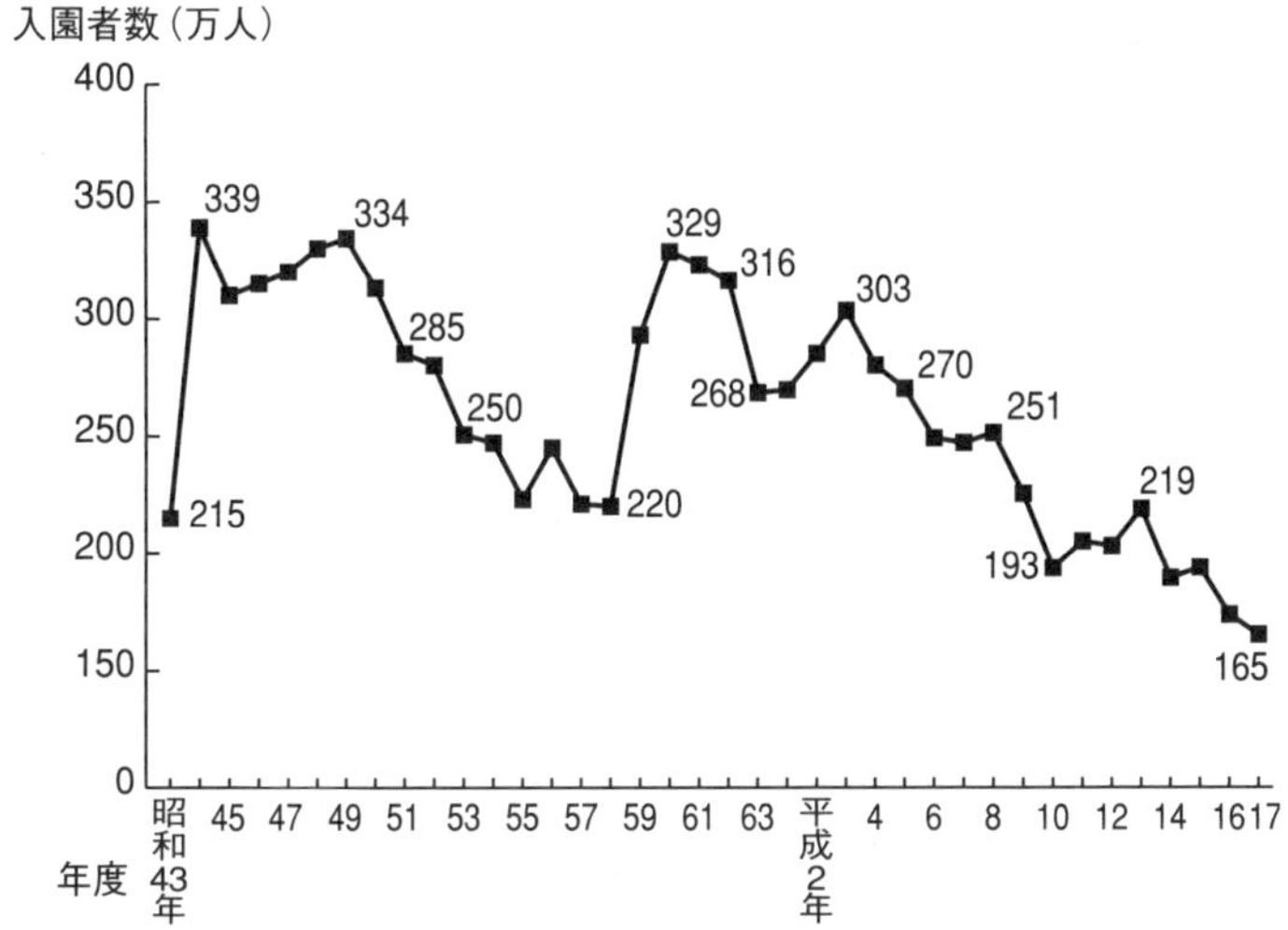

北海道旭川市の旭山動物園である。旭山動物園は、いまでは北海道の観光名所の一つとなり、北海道旅行の多くのコースに組み込まれるまでになっている。これまで年間入場者数の第一位が上野動物園、第二位が東山動植物園というのが指定席であったが、平成十六年度は旭山動物園が二百六万人の入場者を集めて第二位となり、東山は指定席を旭山に譲ることになった。平成十七年の夏、愛・地球博開催の影響から動植物園の入場者数が伸び悩んでいたこともあり、このままではいけないとの思いから、旭山動物園を視察に訪れた。

　旭山動物園は、よくいわれるよう

に、動物の見せ方が創意工夫されている。行動展示の典型的な例で、実にうまい。アザラシが円柱の水槽を上下に泳ぐ様は確かにユニークであり、ユーモラスである。そして観客をうまく導き、異なる目線で動物の姿と行動を見せていく。たとえば地下一階の水槽で動物を下から見せたあと、地上一階で動物が水に出たり入ったりする姿を見せ、さらに上に上がらせて全体を俯瞰させる。観客の視線を、高さを変えて移動させることによって、動物のさまざまな生態を見せることを可能にし、見る人の好奇心、動物への興味を満足させている。

また、学術研究も大変しっかりしており、観客をすごく大切にしているということを実感した。たとえば、動物の説明看板が、親近感を持たせるような表現で、しかも手書きである。アムールトラだったと思うが、「尻尾を立てたら注意してね」と書いてある。つまり、おしっこをひっかけられないようにということだ。動物の習性を熟知し、観客に対する注意の仕方に心がこもり温かい。「危険ですから近づかないでください」ではなんとも味気ない。

東山動物園の飼育動物数は五百六十二種一万九千二百十三点（平成十八年三月現在）であり、旭山は百三十七種七百十六点（同年同月現在）である。東山はメダカ館の小さな魚類がかなり点数を稼いでいるとはいえ、はるかに東山のほうが多い。また、人口で比較すれば、名古屋市の二百二十万人に対して、旭山市は三十万人と約七分の一の人口しかいない。東山動植物園は、四百十ヘクタールの東山の森の中に立地し、動植物園合わせて約六十ヘクタールの広い面積を有している。交通アクセスの面でも、地下鉄駅が園の正面にあり、東名高速道路の名古屋ＩＣからも近く、名古屋を東西に貫く幹線道路にも面するなど、大変恵まれている。旭山に比べれば東山動植物園の持つポテンシャルはそうとう高いはずなのに、そのアドバンテージを生かしきれていない。

私は、開園以来七十年を経て老朽化した施設や展示方法などを全面的に見直し、こうした高いポテンシャルを生かし、環境の世紀といわれる二十一世紀にふさわしい動植物園として再生を図ることにした。そして、その再生プランを検討するため「東山動植物園再生検討委員会」を発足させた。

東山動植物園の再生

国内屈指の東山動植物園の再生を検討するためには、検討委員会のメンバーもそれにふさわしい人を選任することが必要だった。中川志郎日本博物館協会会長、増井光子よこはま動物園園長、松沢哲郎京都大学霊長類研究所教授（翌十八年四月には研究所長になられた）など、それぞれの分野の第一線で活躍されている方々に委員就任をお願いし快諾いただいた。

しかし、日本野鳥の会会長を務められ、自ら八ヶ岳で里山づくりを実践しておられる俳優の柳生博さんだけは、多忙なため受けていただけないと担当者から報告を受けた。私は以前から面識があり八ヶ岳倶楽部にもよく行っていたこともあって、直接お会いし、お願いすることにした。まだ新緑の残る美しい八ヶ岳倶楽部を訪問し、さまざまなお話をするなかで柳生さんは東山の森にも関心をもたれ、快く受けていただくことができた。また、地元出身の女優であり、愛・地球博の日本館総館長も務め、多忙を極めていた竹下景子さんも、市民として主婦感覚でのアドバイスをということで委員就任を承諾いただいた。こうしてやっとの思いで、平成十七年八月に第一回の再生検討委員会の開催にこぎつけることができた。

第一回検討委員会では、それぞれの立場から、新しい動植物園の形態、動植物園の役割の変化、市民と動植物園とのかかわりなどについて多くの意見や提案があり、真剣に、しかも活発な意見交換がなされた。その後、短期間で現地視察や三回の会合を精力的に重ね、平成十八年三月に「東山動植物園再生プラン基本構想」としての提言がまとめられた。

持続可能な地球環境を次世代に伝えることを基本理念とし、それを「生命《いのち》をつなぐ」という言葉で表した。この理念をもとに、人と自然をつなぐこと（環境）、人と人をつなぐこと（大交流）を使命とした。この理念と使命のもとに、見るものと見られるものの垣根を取り除く、希少動物の保護、増殖、娯楽と学習の両立、東山の森と動植物園の一体的活用など六つの基本方針を立てた。そして、これらすべてを包み込む大きなコンセプトとして「人と自然をつなぐ懸け橋へ」を掲げ、ソフト、ハード両面から鋭意取り組むこととした。

元来、動植物園は、世界的に珍しく貴重な生きた動植物を来園者に見せることに存在意義があったが、生物の多様性が失われつつあるいま、人と自然をつなぐ場としての役割が求められている。それと同時に、今日では、種の保存も大切な使命となっている。現存する生物は地球の大切な財産であり、この財産を次世代に引き継ぐため、こうした状況を補完する役割も動植物園に求められている。

また、東山動植物園に欠けていたものは、「娯楽と学習の両立」ではないかと思う。これまでは単に飼育、養育した動植物を見せるのが中心だったが、今後は学習機能を強化する必要がある。多様な研究者や学者の知恵を集め、来訪者が動物と植物について学ぶことのできるプログラムや教育施設の充実が必要だと思う。たとえば、この地域にある京都大学の霊長類研究所や名古屋大学農学部など大学の協力が得られれば心強い。

霊長類研究所には大学院の学生や博士号を持った方が多くいるが、仮に、彼らに週一回程度、東山に来てもらい、市民の学習に役立てる仕組みができればと考える。あるいは研究所で類人猿、チンパンジーの研究をしている人に、アフリカとかボルネオで生きた勉強のできる資金を提供する代わりに、東山に来て研究成果、体験をフィードバックしてもらうことなどができれば素晴らしいと思う。犬山市にある京大霊長類研究所での若い研究者の姿を見て、その感を深くした。

提言をあらためて読み返してみると、全体を貫いているのは「つなぐ」という思想である。「生命をつなぐ」「人と自然をつなぐ懸け橋」「人と自然をつなぐ場」「人と人をつなぐ場」「愛・地球博の成果を引き継ぐ」「地球環境を次世代につなげる」「サスティナブル・フューチャーにつながる」など。人と人との関係、人と里山の関係、人と自然との関係などが希薄になり、地球環境の持続性や生物の永続性、多様性が脅かされつつあることに対する危機感の表れが、「つなぐ」というキーワードに凝縮されているように思う。私としては、この提言を動植物園の再生に「つなぐ」重い責務を負ったように感じた。

まだ基本構想ができたばかりであり、動植物園の再生には、展示方法のあり方、交通アクセス、周辺整備、整備費用をはじめ多くの課題が山積している。平成十八年度は、これらの課題を検討し、この構想をもとに基本計画を策定する予定である。そして、東山動植物園開園八十周年を迎える平成二十八年度には動植物園の再生を完成させたいと考えている。もちろん、旭山動物園の二番煎じではなく、新機軸を盛り込んだ二十一世紀にふさわしい動植物園にするつもりだ。たとえば、基本構想で参考イメージとして掲載された「キャノピーウォーク」なども面白いと思う。動物の生息環境のなかへ人が入ることにより、いまの動物園とは逆の立場で見るアイデアだ。まだ少し気が早いかもしれないが、新しい動植物園が完成したときには、名称もそれにふさわしいものに変えたいと思いを巡らせている。

キャノピーウオークイメージ図

「東山動植物園再生プラン基本構想」より

里山の復活

昔の東山の植生がどうだったかつまびらかでないところもあるようだが、東山動植物園では、人と森のかかわりを体験できるような里山を復活したいと思っている。そのためには、かつてあった樹木に植え替えなければならないが、それを市民との協働で行いたいと考えている。また、平和公園の南部に、その地形を生かして棚田も作ってはどうかと思っている。近くには地下水が湧き出しているところがあり、その水を利用できないかと考えている。棚田のある里山は、我が国のかつての美しき風景であったが、今ではほとんど見かけることがなくなってしまった。それをこの東山の森で再現できないかと考えている。水面《みなも》があれば、虫や鳥がやってくる。水、植物、動物を通して生命の循環があることを学習する場になると思う。

検討委員会のメンバーである柳生博さんは、昭和五十九年に家族で八ヶ岳山麓に移り住み、赤松林に少しずつ手を入れて雑木林を育てている。平成元年には「八ヶ岳倶楽部」をオープンさせ、「人と自然の仲のいい風景」を来訪者に開放した。柳生さんの話では、里山には、雑木林と集落と田んぼと小川の四点セットが必要とのことであり、八ヶ岳倶楽部を何度も訪問した私は、東山の森にもぜひ里山を復活させたいと思っている。

東山には現在、遊歩道の一万歩コースがあるが、アスファルトで舗装されていたりして、歩く楽しさを満喫するには、十分な環境とはいえない。東山の森ではもっと変化を持たせた散策路をいくつか作りたいと思っている。八ヶ岳倶楽部の雑木林の遊歩道は大変参考になりそうだ。木道であるとか、寄り道をしたい子どものために細い小道を平行して作るなど、豊かな自然に触れて歩くのが楽しくなるような散策路を考えたい。

検討委員会のメンバーの方々と一緒にスカイタワーに上ったとき、眼下に広がる四百十ヘクタールもの広大な森を見て、この緑が残ったことは奇跡と言っても良いと思った。この貴重な緑は次代を担う子どもたちへと受け継がなければならない大きな市民の財産である。自然を保全しながら生命の持つ躍動感と神秘性に触れる驚きと楽しさを体験できることはもちろん、環境保護の大切さ、生命の尊さを学び、人間と自然のかかわりを深く体験できる場としていこうと誓った。やや大袈裟に聞こえるかもしれないが、スカイタワーから眼下に広がるモコモコと盛り上がった緑を見るとそんな気になる。竹下景子さんも「すごい」と言って、見とれていらっしゃった。

豊かな森のなかで森林浴を楽しんだり、里山の風景を楽しみながら散策したり、ちょっと疲れたときは茅葺き屋根の家やティーハウスでくつろぐことができたら素晴らしいと思う。

開園七十周年の秘策

植物園が開園したのは昭和十二年三月三日のことであり、その三週間後の三月二十四日に動物園が開園した。したがって平成十九年三月には、東山動植物園は七十周年を迎えることになる。現在、再生プラン基本構想で示された方針を参考に、開園七十周年記念事業の準備を進めている。

動物園では、動物の生息環境に観客が入り込み、動物の生態を間近に見ることを計画している。具体的には、ライオン園の中に観客が入る円筒状の柵（「ワ～オチューブ」と呼んでいる）を設け、その中からライオンを見てもらう。前にも述べたように、現在は無柵式放養形式で、ライオンと観客との間に距離があるため、臨場感に欠けるが、「ワ～オチューブ」に入れば、間近からライオンの迫力ある勇姿や生態を見ていただくことができる。これは、基本構想で示された「見るもの」と「見られるもの」の垣根を除去する新しい試みの一つとして実施するものである。このほかにもビーバーが巣を作るところが見られるかもしれない。また、キリン、コアラ、子ゾウなどとのふれあいなども計画している。

植物園では、「合掌造りの家」の茅葺き屋根を市民との協働で葺き替えたいと考えている。この「合掌造りの家」はダム工事で水没することになった白川郷の合掌造り（天保十三（一八四二）年七月に建造）の寄贈を受け、昭和三十一年に植物園に移築したものである。今回の葺き替えは、伊勢湾台風などで傷んだため葺き替えた昭和四十一年、昭和六十年以来のことで、二十年毎の大イベントである。これを白川郷の人たちの指導のもとで、市民との協働で実施しようというものである。きっと開園七十周年記念の市民参加事業の目玉になるだろう。

植物園では現在、多くのボランティアに協力してもらっているが、こうした協働作業を契機に、より多くの人がさまざまな形でかかわれるように、名古屋的な「結《ゆ》い」を作ろうと思っている。「結い」とは農作業などで、お互いに労力を提供して助け合う共同組織のことだ。合掌造りの家の茅の葺き替えや棚田の田植えなどを共同ですることにより、日本人が営々と受け継いできた知恵を学び、継承していきたいと考えている。

また、種の保存の象徴として、「ジュラシックツリー」も展示する予定である。二億年前の恐竜時代のジュラ紀から生息し、生きた化石植物とも奇跡の植物ともいわれるジュラシックツリーは、十年ほど前にオーストラリアで自生しているのが発見された。野性のものはその数わずか百株と少なく、一本ずつに名前がつけられている。

平成十七年十一月に姉妹都市であるオーストラリアのシドニーを訪問した際、シドニー市長に寄贈をお願いしていたもので、愛・地球博のマスコットである「キッコロ」にちなんで同じ名前を付けた木に挿し木して育成したというジュラシックツリーをいただいた。寄贈されたときの高さは一・五メートル。成長すれば高さ四十メートルにもなるという。冬の寒さに弱いということなので、名古屋でどこまで育つかわからないが、大きく育ってほしい。二億年生命をつないでいるということは素晴らしい。ロマンを感じさせる展示になるだろう。

七十周年記念事業の目玉事業を紹介したが、七十周年は再生に向けてのスタートの年である。再生が完了する八十周年は、もっと魅力的な企画が用意できると思う。皆さんもあと十年「生命をつないで」、生まれ変わった東山動植物園を楽しみにしていただきたい。

二　西の森づくり

森づくりの始まり

「東山の森づくり」のほかに、名古屋市が力を入れている森づくりがもう一つある。「西の森づくり」である。東山の森づくりは「森の再生」であるが、西の森づくりは、いうなれば「森の創生」である。市民との協働により、苗木を植え、育て、自然豊かな森をつくり、次世代に継承しようという取り組みである。

名古屋市の西部は平坦な地形で、川や水田はあっても森はない。だからこそ森づくりを計画したのである。中川区と港区を南北に流れる戸田川を含む両岸の約六十ヘクタールを、平成二年度から戸田川緑地として整備してきたが、そのうちの約二十ヘクタールで、現在、西の森づくりを進めている。ナゴヤドームの広さが約三ヘクタールなので、ナゴヤドーム七個分の森をつくろうというものである。

名古屋市では、昭和四十三年から名古屋市植樹祭を市内各地で開催してきたが、平成十二年十月七日に第三十三回植樹祭を戸田川緑地で開催したのが、「西の森づくり」の始まりである。当日はさわやかな秋晴れで、戸田川右岸の会場には、川沿いに小高い山が造成されていた。土曜日ということもあり、子ども連れの家族の姿が多く見受けられ、事前に申し出があった五つの小学校をはじめ約二千人の参加があった。緑化功労者の表彰や岐阜県金山町、長野県木祖村からのどんぐりの受け渡しなどのあと、参加者一人ひとりの手によって植樹された。受け取ったどんぐりは、木曽川上下流交流の一環として市民に育ててもらい、二年後に植樹する行事へとつながり、交流はいまも続いている。

植樹では、参加者全員に軍手と移植ゴテと数十センチに育った三本の苗木が配られた。苗木は、サクラ、アベマキ、コナラ、ケヤキ、タブノキなどの樹木が混ぜられていたが、いまから思えば、柳生博さんに教えられた極相林にしないための配慮だったと思う。そして、事前に造成されていた川沿いの小高い山の上に、高年大学園芸学科OB有志による植樹指導のもと、参加者全員で六千本の苗木が数十センチ間隔に植えられた。

なぜこんなに密植するのかと指導者に尋ねたところ、苗木の段階では、密植することが競争を促し、成長にプラスになるとのことであり、人づくりも森づくりと相通ずるところがあるのを感じた。また、一定の成長をした段階で間伐や枝打ちをし手をかけながら森を育てるのが良いのだそうである。やはり、もちは餅屋である。

わずか三本の、それもか細い苗木の植栽ではあったが、植え終わったあとには、小さな達成感と、この苗木がどんな森になるのだろうという大きな期待感が湧いてきた。植栽が終わった午後には、とだがわこどもランドのホールで「心と力をあわせみんなでつくる西の森」というテーマでの講演会も開催された。

一万人の森づくり

翌年になると、「西の森づくり」も徐々に広がりを見せ始めた。ロータリークラブや華道クラブによる植樹など、一年間に六回の植樹イベントが開催され、約千五百本の苗木が植えられた。その一つに中川区の豊治小学校四年生全員による植樹があったが、そのとき子どもたちから、「カブトムシやクワガタムシのいる森にしてほしい」「大きなお花畑を作って」といった夢や希望が伝えられ、その後の森づくりに生かされていくことになる。また、前年の森づくりに参加した高年大学ＯＢからの申し出により、除草活動も実施された。まさに「協働で苗木を植え、育て、森をつくる」という西の森づくりの理念が現実の形となって現れ始めた。

私としては、こうした動きを加速するため、もっと大規模な、たとえば一万人規模の植樹祭が開催できないかと担当者に提案した。担当者はそうとう困惑したようであるが、結果的には、彼らを含めた多くの関係者の努力と協力により「なごや西の森づくり２００２」という形に結実した。

「なごや西の森づくり２００２」は、森づくりの意義・楽しさ・面白さをより多くの市民に伝えることを目標とした。この準備段階として、森づくり講座を開催したり、ボランティアによる除草を実施したり、お花畑を作ってという前述の提案を形にするため、豊治小学校四年生全員によるコスモスの種まきを行った。また、こうした活動に参加した人などを中心に、森づくりボランティアを募集し、のちに「西の森サポートクラブ」となる準備会が発足した。

「なごや西の森づくり2002」は、平成十四年十月十四日の体育の日に、前回同様の秋晴れのなかで開催された。計画当初は、五千人程度を目標としていたが、地元の子ども会から親子連れで四千人も参加したこともあって、植樹イベントの参加者は一万人に達した。参加者全員で約一万三千本の苗木を植栽したが、そのうちの一万本は、最近テレビでよく植樹実績をPRしている団体から寄附していただいたものであった。また、名東区の上社小学校の子どもたちが総合学習で育てたどんぐりの苗木をわざわざ持参して、植樹するという「森づくりの東西交流」もあった。名古屋市の東にある小学校で育てた苗木を、西にある戸田川緑地に植える、言い換えれば、東山の森と西の森をつなぐ活動であり、それを小学生が実践した。この日の行事の中で、私がもっとも感動した出来事であり、いまでも鮮明にそれを記憶している。

植樹指導と植樹後の水やりは、「西の森サポートクラブ」のメンバーなど約百人のボランティアによって行われた。また、会場でどんぐりを受け取り、里親となって育て、数年後に西の森に植樹する「里親植樹」や新聞社主催の森づくりウォークが開催されるなど、さまざまな団体による多彩な行事が会場の外にまで広げて展開された。そのなかでもZIP-FMさんには事前のラジオによるPRをはじめ、ステージでのライブ演奏、当日のラジオ生放送による呼び掛けなど多大な協力をいただいた。こうした結果、森づくりの普及啓発ブースも大変な賑わいをみせ、ボランティアクラブも順調に滑り出し、植樹イベントに集まった一万人を含め、約三万人の市民が参加するなど、計画当初の目論見をはるかに上回る賑わいをみせた。

森づくりを次世代へ

その後、「西の森サポートクラブ」は、「戸田川みどりの夢くらぶ」となり、森の成長に合わせた手入れを定期的に行うと同時に、平成十五年以降の植樹イベントの企画から運営までを主催者の一員として実施している。また、こうしたボランティア団体によって「戸田川・西の森自然観察会」や「こども森づくり探検隊」といった活動も定期的に開催されるなど、西の森づくりの活動はボランティアや市民団体中心の活動として定着してきた。一方、名古屋市としては、ボランティア活動の促進をはかるため、「西の森ボランティア養成講座」を開設し、ボランティアの育成に力を注いでいる。

平成十二年に始まった西の森づくりは、平成十七年までに約三万本の苗木を植樹し、戸田川右岸の中央地区の植樹は、ほぼ完了したが、当初森づくりを予定した面積二十ヘクタールから見れば、まだその一割が終わったに過ぎない。ボランティアや市民団体の皆さんと一緒になって、ス

平成14年植樹祭

4年後の平成18年

ペインのサグラダ・ファミリア教会の建造ほどではないが、今後とも息長く取り組んでいきたい。

平成十八年六月に行われた「環境デーなごや２００６」では、西の森と東山の森が、自然観察や竹遊び体験などを通して自然や環境問題を考える場として活用された。平成十二年に西の森で植樹された木は、私の背丈をはるかに越え五メートルほどの高さに達し、山桜も花をつけるようになり、すでに森の様相を呈してきた。西の森で植樹した子どもたちが壮年期を迎える頃には、きっと立派な森に成長していることだろう。そのとき、ぜひ、親として子どもを連れて西の森を訪れ、「この森は、お父さんやお母さんが、小学校のときに植樹したものだよ」と子どもに話してほしい。そして、もう一度親子で植樹してもらいたい。それが、次世代へつながる「森づくり」である。

本音をいえば、その頃には「西の森づくり」も完成していてほしいのであるが。

三　水辺を生かしたまちづくり

堀川のいま

堀川は名古屋城築城の折に、当時は海に面していた熱田と城下（現在の西区市下橋付近）を結ぶ運河として開削された。舟運による物資輸送が目的だった。この開削の任にあたったのが福島正則である。福島は愛知県海部郡美和町の出身で、司馬遼太郎の『功名が辻』にも秀吉恩顧の武断派大名の一人として登場している。賤ヶ岳七本槍の一人でもある。その福島の家紋「中貫十文字」が尾張三英傑の家紋と並んで、堀川に架かる納屋橋の高欄に、その功績をたたえて刻まれ、見所の一つとなっている。

開削当時、堀川の延長は一里半余り（約六キロメートル）であったが、その後、上流側は庄内川まで開削され、下流側は臨海部の埋立により、今日では十六・二キロメートルとなっている。堀川が開削された頃は、潮にのって鰯や鰹が遡上したり潮干狩りもできたという。また、大正時代までは、「堀川のはえ（銀ぶな）」が名物料理となるほどだった。しかしその後は、市街化の進展にともなって、水質の汚濁が進み、昭和四十年頃には川の汚れを示すBOD（生物化学的酸素要求量）の値が一リットルあたり五十ミリグラムを超え、汚濁のピークを迎えた。一方、明治末期から整備が始まった下水道は、昭和四十年には名城下水処理場が運転を開始すると同時に人口あたりの普及率も六割近くまで達した。また昭和四十五年には「水質汚濁防止法」が制定され、排水規制も強化された。これらにより、昭和五十年以降はＢＯＤが十分の一になるなど、水質の上ではコイやフナがなんとかすめる程度にまで改善した。しかし、市民が求める状態にはまだまだといった状況である。

そんななかで名古屋市は平成元年に市制百周年を迎えた。このとき、「堀川の大改修」を市制百周年記念事業の一つとして位置づけると同時に、白鳥地区を世界デザイン博覧会の会場として利用するため、整備に着手した。その後、平成四年に黒川地区、同六年に納屋橋地区と順次着手し、護岸、散策路、親水広場などの整備は順調に進んだが、水質面での大きな改善はみられなかった。

そんな折、堀川の近傍で進められていた地下鉄上飯田連絡線の工事で相当量の地下湧水があり、これを堀川に放流してはどうかという話があった。私としてはこれでどの程度きれいになるか確信は持てなかったが、少しでもきれいになるならばという気持ちでＧＯサインを出した。そして毎秒〇・三立方メートル前後の工事湧水の放流が平成十年九月から始まった。毎秒〇・三立方メートルは、一日にすると、約二万六千トンになり大変な量である。小学校のプールなら約六十五個分くらいの水の量である。放流から一年ほどを過ぎると、オイカワの群れ泳ぐ姿

堀川の概要

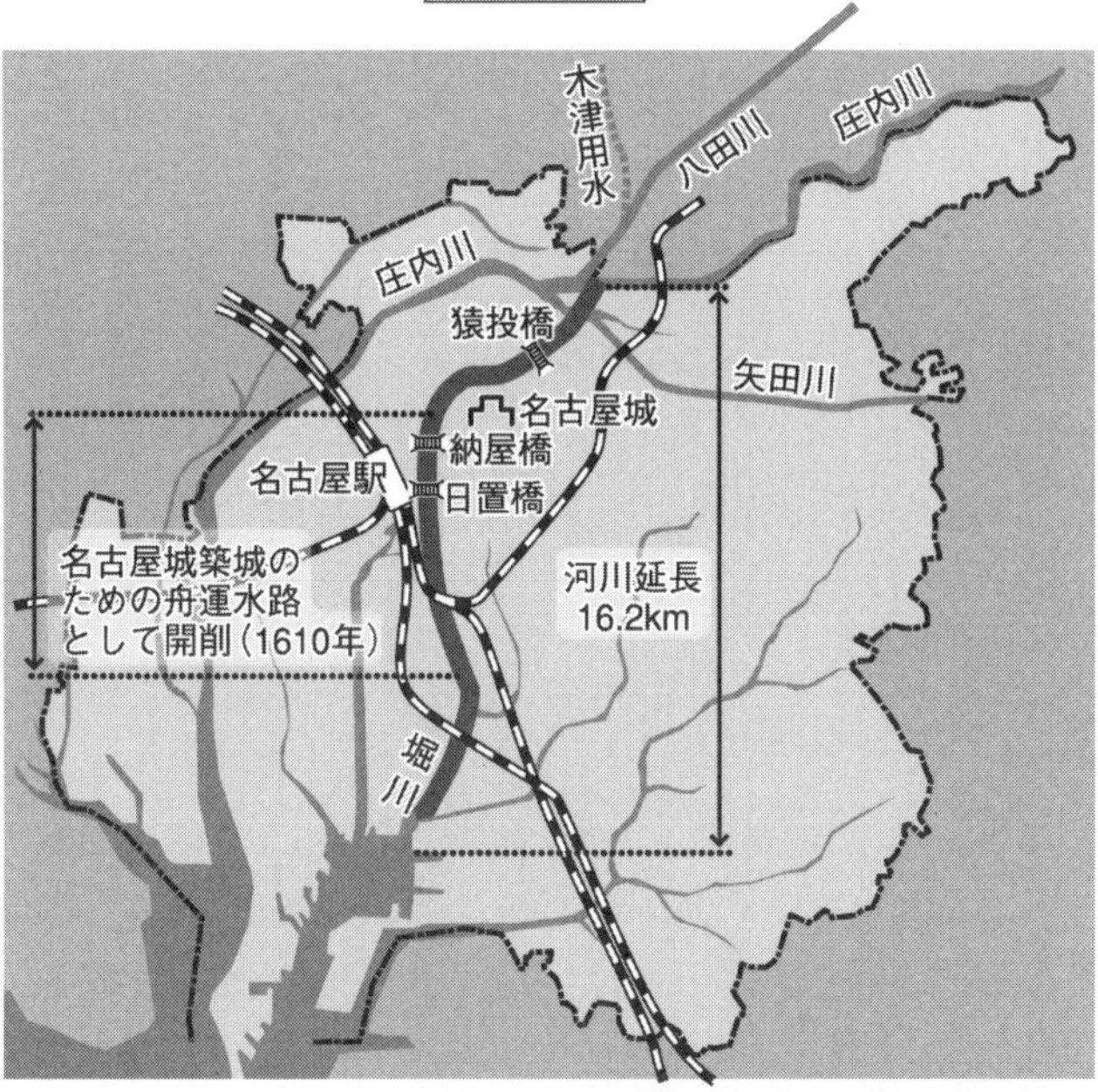

堀川に架かる納屋橋の高欄
尾張三英傑の家紋（右端下）と福島の家紋（左端上）

福島の家紋「中貫十文字」

や川底に繁茂する水草の写真が新聞で報道されるほど、黒川（堀川の上流部は開削した技術者の名をとって「黒川」と呼ばれている）はきれいな川となった。当時、その写真をパネルにしたものを、何度か講演で使わせていただいたが、それを見た人は皆一様に、これがあの黒川かといった驚きの表情を見せた。

こうした水質の変化が契機となって平成十一年春、ライオンズクラブや市民団体を中心に「堀川を清流に」という署名活動が始まり、わずか二か月足らずで二十万人もの署名が集まった。署名を集められた皆さんとお会いし、二十万人の署名簿を受け取ったとき、市民の堀川に寄せる願いの重さを実感した。そしてこの運動がきっかけとなり、翌十二年には署名活動の中心となった六つの市民団体が「クリーン堀川」という連合体を結成した。しかし、上飯田連絡線の工事がいつまでも続くわけではない。平成十三年の夏ごろにはトンネル部分の工事も完了し工事湧水もなくなるという状況になり、市民の切なる願いに応えるにはその代替を見つけなければならなくなった。

毎秒〇・三立方メートルの水量を確保することは容易なことではなかったが、その代替となったのが庄内川の水であった。昭和五十年以前にも庄内川からの通水試験は何度か試みられたことがあり、国、愛知県と調整の結果、毎秒〇・三立方メートルを暫定的に庄内川から導水してもらえることとなった。その暫定導水が始まったのは、上飯田連絡線の工事湧水が止まる一か月前の平成十三

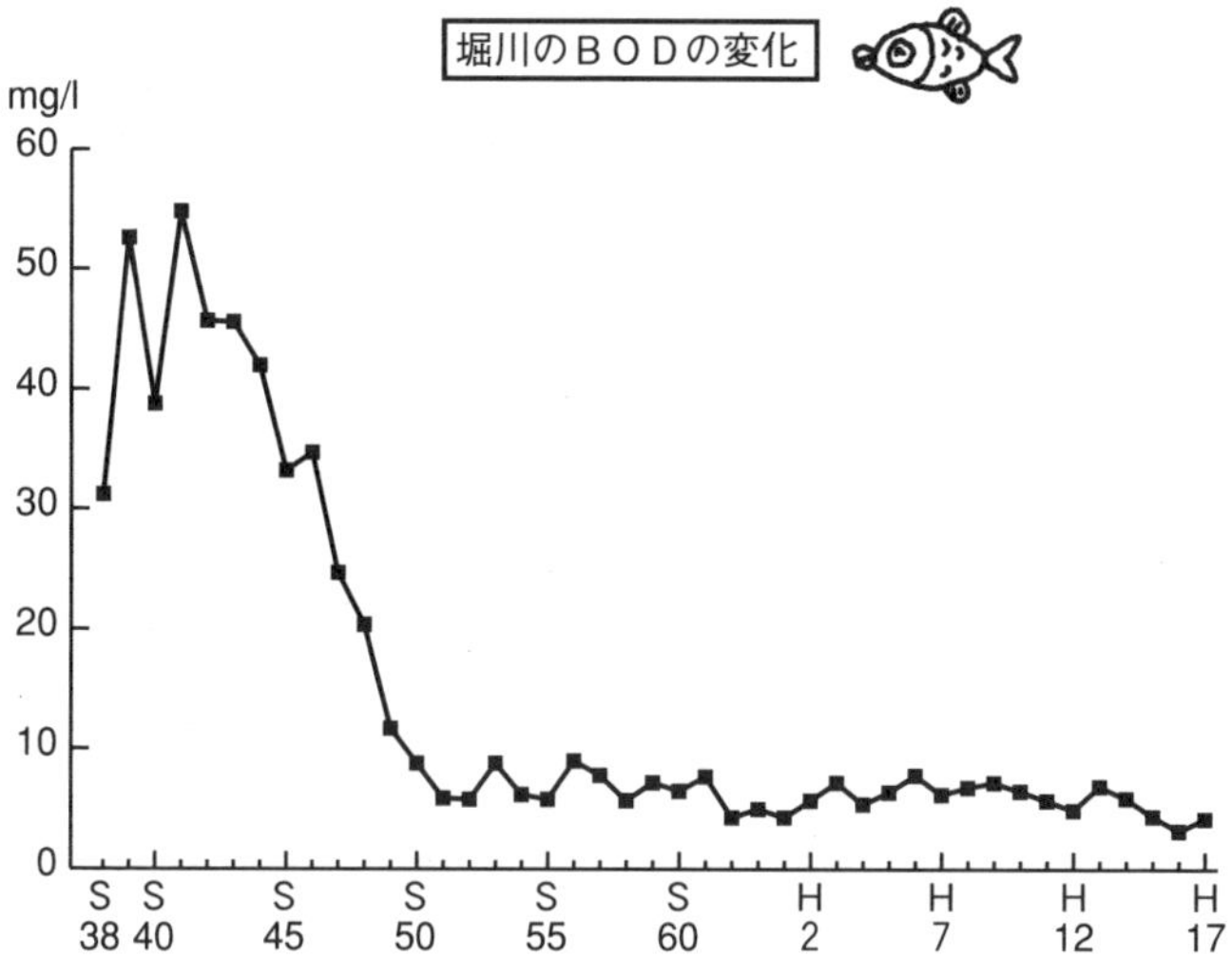

年の七月のことであった。そしてこの水は貴重な堀川の水源として、現在も継続されている。

二十万人署名以降、市民の堀川への関心と活動はさらに高まりをみせ、平成十六年には庄内川からの暫定導水の増水試験にあわせて水質調査を行うことを目的に、「堀川一〇〇〇人調査隊」がライオンズクラブで企画された。「一〇〇〇人」というのは、多数という意味で使われたが、実際には二百七隊、二千人を超える市民が参加し、市民の堀川に対する思いの強さをあらためて実感した。

本来の水質調査はもとより、ごみの状況や周辺の町並みを調べたり、草花で作った芸術作品を川に浮かべたり、メダカの生存率による水質の比較をしたりと実に多彩な活動が展開された。その調査報告会が同年六月に中区役所大ホールで開催された。ほぼ満席の参加者と創意工夫に満ちた熱のこもった報告に感動し、最後まで席を立つことができず、堀川に寄せる市民の思いは特別だとの感をいっそう強くした。また、翌十七年にも「堀川一〇〇〇人調査隊2005」が結成され、平成十八年三月にはその報告会が開催された。大雨にもかかわらず四百人近い人が北区役所の講堂に集まった。報告会には、自ら調査に参加した以外の人も数多く参加されており、堀川への関心の高さをあらためて感じた。また、今後ともこの一〇〇〇人調査隊活動を継続することが確認された。頼もしい限りだ。

こうした市民の高い関心と熱意に後押しされ、名古屋市も近年では水質浄化のためのさまざまな取り組みを行っている。アユの遡上などにより庄内川からの暫定導水ができない時期には、長らく利用されていなかった古井戸を復活利用したり、工場の冷却水を導水したりしている。平成十六年には、浅層地下水を堀川へ毎秒〇・〇一立方メートル放流し、翌十七年にも井戸をもう一か所増やして放流している。納屋橋地区では、魚類の生息環境を改善するため、水中の溶存酸素を増加させるエアレーション施設を設置した。金魚を家庭で飼うときに水槽の中に入れるブクブクと同じ原理である。堀川の川面に細かな泡が三か所も浮いているため、最初はメタンガスでも発生しているのかと勘違いしてしまったが……。平成十七年からは、鍋屋上野浄水場の作業用水を堀川に毎秒〇・〇四立方メートル放流している。名城下水処理場の処理過程において凝集剤を添加し、透視度やＢＯＤなどがどの程度改善されるかといった実験も行った。また、すでに二十年弱にわたりヘドロの浚渫《しゅんせつ》や河床の掘削を実施してきているが、その浚渫量も十二万立方メートルを超えるまでになっている。

こうしたさまざまな浄化施策を講じてきた結果、平成十七年度の中流部の小塩橋でのＢＯＤは、一リットル当たり四・二ミリグラムとなり、三年連続して五ミリグラムを下回ることとなった。十年前には、六〜七ミリグラムであったことを考えれば改善傾向にあるとはいうものの、市民の皆さんが望む水質までには、まだ道半ばといったところである。まだまだ頑張らなければと思っている。

ホタルが舞う堀川に

平成十八年六月初旬には、黒川にホタルが舞ったという記事が新聞に掲載された。残念ながら、私はそれを見ることができなかったが、数年前には、友人に誘われて黒川に舞うホタルを見たことがある。乱舞とまではいかないが、都会の川の暗闇に浮かぶホタルの青白い光の明滅は、幻想的であり、初夏の暑さを忘れ、童心に返らせてくれる。黒川のホタルは、ライオンズクラブの協力により、地元の小学生が、春先にホタルの幼虫を放流したものが孵化したものだそうだ。子どもたちはホタルのえさとなるカワニナも放流している。市内でも大矢川のゲンジボタル、相生山のヒメボタルなど、野生のホタルを見ることができる場所は何か所かある。しかし、都心の住宅地でこうした光景を目にできることには特別な感慨があり、子どもたちにとっても良い体験になったと思う。ホタルが成育するためには、きれいな水、えさ、土、暗さなどの条件があるそうだが、少しでも堀川がきれいな水になるよう、今後もいくつかの浄化施策の実施を予定している。

平成十八年夏には、川面に浮遊するごみを潮の干満を利用して収集し、下水道へ流し込む施設が名城下水処理場の下流に完成する。潮の干満により川面を行ったり来たりしていたごみが減り、視覚による美観はかなり向上するものと期待している。また、これまで下水道に流していた地下鉄トンネル内の湧水を堀川に放流する計画もある。地下鉄環状線の名城付近の湧水を、新たに管を建設し堀川へ毎秒〇・〇一立方メートル放流する予定である。これにより地下鉄側には下水道使用料が大幅に減額され、交通局の経営改善に寄与すると同時に、堀川の水質浄化にも役立つわけだから、まさに一石二鳥である。

木曽川からの導水の社会実験も現在調整を進めている。木曽川からの導水事業はかつて国の事業として計画され、平成十二年に「時のアセス」により中止されたが、その後も堀川の水質が問題となるたびに市民の皆さんからなんとか実施できないかと要望をいただいていた。今回は、国や愛知県の協力のもと三年間の社会実験という形で実施するための、最後の調整を行っている。

木曽川からの導水社会実験ルート

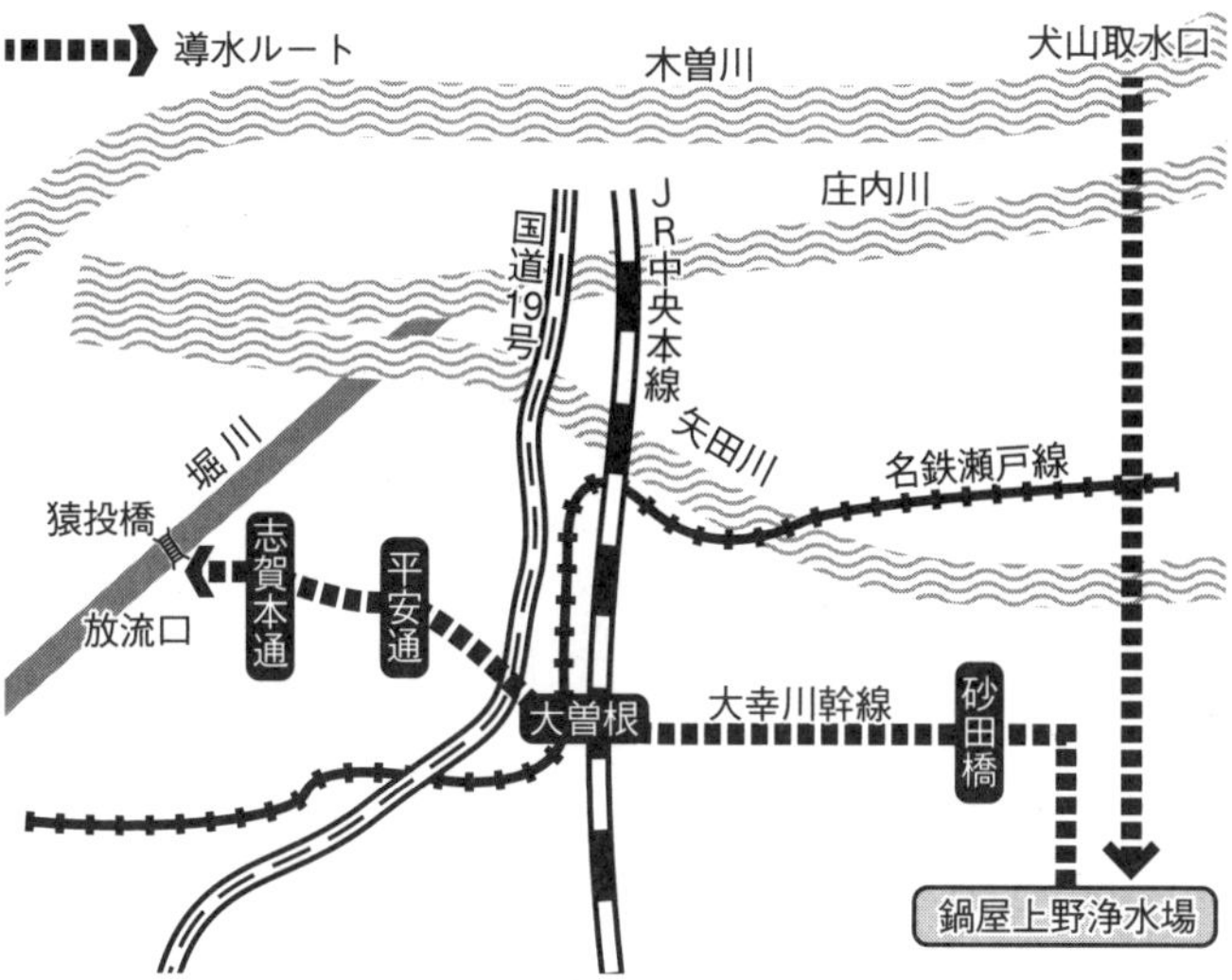

具体的には、名古屋の水道水を取水している犬山の取水口から木曽川の水を取水し、既設の導水管を利用して東区の鍋屋上野浄水場まで送水し、浄水場から二百メートルほど北側を東西方向に埋設されている雨水管（大幸川幹線）まで新たに管をつないで、その雨水管を通して堀川の猿投橋直下に放流する計画である。

木曽川から約三十キロメートル運んで堀川に流すことになる。導水量は、毎秒〇・四立方メートルを予定していると聞き、浄化のためもっと導水できないかと担当者に尋ねたところ、「他の利水者に迷惑をかけないことや既設の管を利用することなどを考えると、これが精一杯です」との返事であった。十分な導水量とは言えないまでも、こうした努力を積み重ねることにより、近い将来、堀川を浄化するための用水が制度的に認められることを願うばかりである。

　堀川の現在の水源の主なものは、満潮時に遡上してくる名古屋港の海水を除くと、庄内川からの暫定導水と下水処理水と中川運河からの送水といった状況で、下水処理水の割合が全体の八割近くを占めている。したがって、堀川の水質を浄化するには、下水処理水をもっときれいにする、すなわち下水処理をもっと高度なものにすることが必要である。一部の処理場でリンの除去を行っているが、下水を高度処理すれば名古屋港の浄化にも寄与することから、施設の更新などに合わせて、高度処理を順次導入したいと考えている。しかし、下水の高度処理には新たな設備投資、維持管理費、設備スペースなどが必要であり、それが目下の私の課題であり、頭の痛いところである。

　私は各区の小学校で名古屋の歴史、文化などについて話すことがあるが、あるとき、堀川を学ぶという話をしたことがある。そのときは川の汚れを実感してもらうために現地へ行き、ヘドロを直接見てもらうことにした。担任の先生のアイデアで、白い木綿のソックスの中に釣りのおもりを入れ、釣り竿で川に入れて引っ張ると、ソックスはあっという間に真っ黒になってしまった。子どもたちは川にはこんなにたくさんのヘドロがあるのだということを実感したようだ。そのヘドロは川から吸い上げて脱水し、埋立処分する。ごみの場合と同じであるが、その埋立処分先を探すのに、また一苦労する。ヘドロを除去するのはこんなに大変だから、川をきれいに、汚さないようにしようという啓発活動だったが、子どもたちはわかってくれたと思う。このように堀川は生きた環境学習の場であり、環境学習の教材である。子どもたちにきれいな堀川を継承することが私たちの責務であり、ホタルが舞うような堀川になればと願っている。

環境用水という考え方

ともすれば私たちは、水は水道の蛇口をひねれば出るのが当たり前、川の水はとうとうと流れているのが当然と思っているふしがある。水が貴重なそして有限な資源であるということが、広く認識されるようになったのは、海外の水飢饉や砂漠化といった情報を頻繁に耳にするようになってからではないかと思う。わが国でもほとんど毎年、どこかの地域で渇水が発生し、節水が行われている。名古屋でも、平成六年には異常な渇水にみまわれ、水道も当然節水になり、学校のプールを使用中止にしたり、栄の噴水を止めたり大変な苦労があった。当時私は尾張旭市に住んでいたが、夜九時以降は断水になるので、それまでに帰らねば入浴できないし、風呂の水をトイレのタンクに入れて流すなど、大変だった。水の有難さをしみじみと味わった。そうわけで、水はまさに命の水ということで、その確保には大変な金とエネルギーを費やしてきた。その結果、水利権は、飲料水、農業用水、工業用水など生活にとって必要不可欠な用途に限って認められることになったのである。

その一方で、成長社会から成熟社会になり、生活のクオリティの充実ということが強く意識されるようになるにつれ、環境に対する市民意識も急速に高まり、河川の水質や水量を改善したいという動きが広がってきた。堀川の水質浄化に対するライオンズクラブなどの市民運動はすでに述べたとおりであるが、農業用水である庄内用水でも同様な活動が始まっている。

庄内用水は、庄内川から取水し、名古屋市の南西部の農業用地に水を供給する用水路である。夏季の半年間は農業用水が流れているが、冬季は通水しないので美観上も良くなく潤いに欠けることになる。そこで、通年通水を求める「庄内用水を環境用水にする会」が二年ほど前に結成された。同会は、署名活動や清掃活動などに熱心に取り組むと同時に、平成十七年から十八年にかけての冬には短期間ではあるが通水試験による調査を実施することができた。水利権というのは昔は血のにじむような努力をして得たものだから、「川を浄化するために環境用水をもらえないかと言ってもらえるようなものじゃない」と、散々に言われたものだ。しかし、最近は「なるほどね」という具合に、徐々に環境は整ってきている。

そして平成十八年三月、全国的な動向を踏まえ、国から環境用水の使用許可にかかる通知が示された。そのなかで「環境用水とは、水質、親水空間、修景等生活環境又は自然環境の維持、改善等を図ることを目的とした用水」と定義づけられ、環境用水実現に向けての前進が図られた。こうした機運の高まりを、「堀川に木曽川の水を」という悲願の実現に、何とかつなげていきたいと思っている。

ところで、本稿を書いているとき、九州地方で大雨に関する情報が出された。記録的短時間大雨情報だそうである。渇水があり、一方で大雨が降る。まことに不条理である。平均して降ってくれないかなあと自然がうらめしくなる。どこかである時期大雨になったり渇水になったりする。自然とはそういうものだと思って付き合わなければいけないと、しみじみ思う。

歴史のある建物をまちづくりに生かす

江戸時代には堀弥九郎という御普請奉行が堀川の日置橋の両岸に数百本の桜や桃の木を植えたことから、その沿岸に二十軒余りの茶店が軒を連ね、花見時には花見舟が繰り出されるなど、大変な賑わいだったそうである。

そんな堀川沿いも、川の汚れとともに、いつの間にか建物は川に背を向けて建てられるようになり、昨今までそうした状況が続いていた。

そして、納屋橋地区では、護岸をはじめ橋詰の広場や川沿いの散策路なども整備され、川の水質も以前よりは良くなり、数軒の建物が川に向かって店舗を構えるようになった。店の看板も川に面して飾られ、川と街の一体感が少しずつ感じられるようなってきた。こうした建物や散策路の整備にあわせて、全国で三番目の河川沿いでのオープンカフェの社会実験を平成十七年三月から実施している。冬の間はあまり利用されていないようであるが、暑い季節は涼しい夜風にあたり、街の灯が映る川面を眺めながら飲食を楽しむのも一興だと思う。

また、愛・地球博の開催中、屋台村を開催した納屋橋南東角の親水広場用地も、将来的な整備の検討を進めている。その対角の北西側には再開発事業によって作られた「アクアタウン納屋橋」と名づけられた高層のビルも威容を現した。名前から推測すると、親水性や堀川沿いの立地が一つの売りになっているようだ。

整備が済んだ散策路に面した敷地では、ぜひ川に顔を向けた建物づくりを進めてほしいと思う。四百年の歴史をもつ地域の財産である堀川を生かしたまちづくりを進めることが、地域のアイデンティティの確立や賑わいの創出につながり、ひいては堀川再生にもつながるものと確信している。願い、想いが街を進化させるのだ。

一方、納屋橋の北東角にはちょっとレトロなレンガ調タイル張りの建物がある。この建物は、昭和初期に貿易商「加藤商会」の本社ビルとして建造されたことから、旧加藤商会ビルと呼ばれている。このビルは、戦前はシャム（現在のタイ）領事館としても利用されていた。名古屋

サイアムガーデンレストラン（旧加藤商会）

聴松閣（揚輝荘）

市では、歴史的な建造物として保存するとともに、魅力的なスポットを創り出すため、建物の寄贈を受け、できるだけ建築当時の姿を忠実に復元するよう、内外装の改修を行った。現在、地下一階は「堀川ギャラリー」と名づけ、堀川の情報発信と交流の場として活用している。一階から三階はテナントを公募し、タイ料理店として利用されている。テナント募集したときは建物にふさわしい店舗になるか心配していたが、シャム領事館に因んだタイ料理店に決まって少しほっとした。後から聞いたことだが、出店された会社はタイに食品製造工場を有しており、タイとも交流があることから、ぜひこの場所でタイ料理を提供したいということで応募されたそうだ。私もタイの方が名古屋を訪問された折などには、何度か案内したが、異国の地で本場の味にめぐり合い、名古屋の国際性の評価も少し上がったように思う。

こうした街の歴史や物語性が人を惹きつけるとともに、街の歴史を知ることで街に対する愛着や誇りも深くなるものと思う。

堀川とは直接関係ないが、松坂屋の創業者伊藤家の住宅でもあり、戦前は名古屋財界の社交場やアジアからの留学生の寄宿舎としても利用された、覚王山にある「揚輝荘」も寄贈を受け、その活用方法を検討してきた。そして、歴史ある名建築も水と緑の庭園も、そのまま残せることになった。マンション建設に際し、建物と庭園を借景として残すことになったのである。今後のまちづくり、都市の再生の一つのモデルになると思う。これまでのように古い建物を壊して更地にし、あとに高層ビルをつくるという土地の高度利用もあるが、まちの状況に応じて、歴史文化を大切にし、緑を保全しながら土地利用するという都市再生の考え方も出てきたのである。揚輝荘が名古屋の新しい名所になると同時に、新しいまちづくりのモデルになることを願っている。

舟運の復活

堀川は、かつては米穀、炭、魚菜類、木材などが舟で運ばれる物資輸送の動脈であった。明治から大正の時代にかけては、堀川を経由して名古屋と犬山を舟で結ぶ運送業も営まれていた。岸沿いには商家や倉庫などが建ち並び、今日でも一部その面影を残している。しかし物流形態も時代とともに舟運から鉄道輸送へ、そしてトラック輸送へと変化した。昭和四十三年には中川運河と結ぶ松重閘門も閉鎖され、いまでは堀川を船が往来する風景を見かけることはほとんどなくなった。

今後は大変なエネルギーのいる仕事であるが、都市再生の象徴的な事業として「母なる川、堀川」の再生を図らねばならない。堀川を再生するには、三つのことが必要だと思う。一つはもちろん水質の浄化。二つ目は川を生かしたまちづくり。三つ目は川の利用。川の利用には魚介類の収穫、水泳などの川遊び、舟運による利用など、いろいろな方法があるが、堀川の当初の開削目的に照らせば、まず、舟運を復活させることだ。

舟運を復活し水に親しむ空間として、これまでに宮の渡し、白鳥、納屋橋、朝日橋の四か所の船着場を、名古屋港管理組合などと協力して、整備してきた。こうした努力の甲斐もあって、数年前からは貸切の御座船が就航するようになり、平成十八年の春からは土日には定期船も運航されるようになった（残念ながらいまは、定期船は運航休止中とのことだが……）。また、愛・地球博開催期間中、市民有志により本場イタリアのゴンドラを堀川に運航させる試みが行われた。市民の好評を得たことから、平成十八年七月には「ゴンドラと堀川水辺を守る会」が結成され、会員を募って、ゴンドラの就航が続けられることになった。堀川で舟といえば、かつては熱田祭りのときに浮かべられた「まきわら舟」が有名で、昭和四十八年を最後に中断されていたが、最近これも復活したそうである。

まだまだ舟運の復活とまではいかないが、こうした一つ一つの動きが小さな流れとなり、やがて大河となることを期待している。

二十年毎に繰り返される伊勢神宮の式年遷宮の行事が、平成十七年五月より開始された。平成十八年は、その遷宮に必要なヒノキの用材を神宮内に曳き入れる行事が行われている。内宮のお木曳きは「川曳き」と呼ばれ、五十鈴川を利用して地域の人々の力で行われるそうだ。次章で詳述する名古屋城の本丸御殿の復元に際しても、御殿着工のときには「堀川曳き」ができないかと夢想しているところである。

余談になるが、平成十三年、歌舞伎の十代目坂東三津五郎さんの襲名披露のときには、堀川で船乗り込みが行われ、完成したばかりの納屋橋の船着場が利用された。平成十七年には人間国宝の中村雁治郎さんが上方歌舞伎の大名跡である「坂田藤十郎」を二百三十一年ぶりに襲名され、その襲名披露が名古屋でも予定されている。その際、前回同様、船乗り込みをしていただけるよう調整しているところで、私もとても楽しみにしている。川や船着場の利用には、こんな方法もあるのだ。

水質の浄化は急務だが、それだけ頑張るのでは何だか肩に力が入りすぎである。川遊び、散策、川の風景を生かしたまちづくりと一体となって、はじめて「母なる川、堀川」が再生されるのだと思う。

第六章　名古屋城本丸御殿の復元で自然の叡智を伝える

一　本物の御殿を造る

愛・地球博の理念継承

愛・地球博を通じて、多くの人が環境について考え、二十一世紀が環境の世紀だということを認識したと思う。また愛・地球博は、これまで質素で控え目なところがあり、自分のことをアピールするのが苦手といわれた名古屋の人の意識にも変化をもたらした。開催期間中、日本の各地や海外からもたくさんの観光客を迎え、会場でのボランティアや待ち時間を利用した縁側交流などを通してたくさんの人と交流を深め、名古屋の人のホスピタリティも向上した。

閉会後も、愛・地球博の理念や成果を継承し、市民一人ひとりが環境について考え、環境にやさしい行動を心がけるように後押しすると同時に、市民が名古屋の街に自信を持って世界との交流を深めていけるようにしていくことが大切である。考えてみると、いままで名古屋はないものねだりをしてきたのではないか。青年都市、白い街、大いなる田舎と揶揄されながら、それから脱しようと、産業だ、文化だ、デザインだと、他の都市にあるものを追い求め、追いつこうとけなげな努力を続けてきた。ここらで、その考え方をちょっと改め、あるものを探し、あるもの磨きをしてみたらどうだろうか。その象徴となるのが名古屋城本丸御殿の復元である。

本丸御殿は、京都二条城の二の丸御殿と並ぶ武家書院の代表作であり、狩野派による障壁画などの美術・工芸に包まれた「技と美の殿堂」であったが、昭和二十年に戦災で焼失した。この御殿の復元にあたっては、創建当時と同じく、千年の命を持つ木曽のヒノキを使いたい。天然の木曽のヒノキを使うのは、世界的な文化遺産を千年後の未来に残すためだけではない。天然の木を使うことで、木を産出する山を考えることになり、山を考えることは、川や水を考えることになる。つまり、木から森、水、川という自然の仕組みそのものを考えることになる。木曽川の上流と下流の交流を深め、木を通して市民が森や川、水といった自然のサイクルや環境について考えるきっかけにしたいと思っている。

いま、私の執務室にヒノキの間伐材で作ったポットに植えた、天然ヒノキの実生の苗がある。二年くらいたったものだが、二十センチくらいである。これをあと二年くらい養生してから、裏木曽の加子母に植えに行くつもりだ。多くの名古屋市民が実生の苗を加子母に植えに行くようにするのだ。本丸御殿で使われたヒノキの命がつながるのである。本丸御殿の復元は、いわば「自然の叡智」を後世に伝える壮大な文化事業である。まさに環境首都なごやにふさわしい事業だ。また、「ものづくり名古屋」の基礎を築いた匠たちの伝統の技を後世に伝えることであり、名古屋の新たな交流拠点として世界的な文化遺産を未来に伝えることでもある。

ただ一部には、御殿の建築は無駄だ、ハコものだ、そんな金があるなら福祉にまわせという意見がある。都市の品格とか文化、都市の魅力ということを総合的に見ない議論があることは残念である。

復元ブーム

現在、日本の各地で歴史的建造物の復元が行われている。愛媛の大洲城、宮城の白石城、福島の白河城、静岡の掛川城は天守閣を再建した。熊本城、佐賀城では本丸御殿、そして金沢の百軒長屋と、建築ラッシュが続いている。ちょっとしたブームといっていいくらいである。これらは地域興しというより、都市アイデンティティを求めて形にしたら、城になったということだろう。経済、生活、何でも成長すればいいとされた時代から、精神性を大切にしよう、本当の豊かさを求めようという時代に移行している。

自分たちの町はどうして成り立ったかというルーツをたどり、市民の心の拠り所のようなものを求めると、象徴的な建物、つまり城になる。城より以前だと、町があったのかどうかわからないからだ。名古屋も、徳川家康の大権力により清洲越しが行われて町ができた。自然に任せていては名古屋という町はなかったかもしれない。

しかし、各地に復元された建物のなかには、城なのか博物館なのか土産物売り場なのか、はたまた観光案内所なのか、その性格がはっきりしないものがある。このようになったのは、きちんとした設計図とか障壁画の現物などがないため、文化財として復元しようにもできなかったからであろう。

その点、名古屋城本丸御殿は、建築物として国宝第一号に指定されていたこともあり、詳細な実測図面が残っており、忠実に再現ができる。また、重要文化財の障壁画も残っている。その復元模写の仕事も十数年営々と続けられている。二百七十七面に及ぶすばらしい襖絵がみごとに復元されている。それが御殿に納まるのを待っている。これほど条件が整っているところはほかにはないのである。だから、平成の匠の技を生かして、本物を作るのは名古屋の使命ともいえるのである。

名古屋城と武家文化

もともと名古屋城は、家康が、大阪の豊臣方への備えと示威、そして遅く生まれた九男義直の居城ということで類のない巨城を築かせたものである。巨城を築くため豊臣恩顧の西国大名に命じた、いわゆる天下普請であった。当時の各地の天守閣のなかでも、ものすごく大きくて立派で、実際、江戸城や大阪城より大きい。天下の名城と謳われる姫路城天守の二倍くらいの床面積がある。大阪方へのデモンストレーションの意味もあったのだろうが、天守閣に載せた鯱に、金まで張った。この鯱は、城とのバランスからして、けた外れに大きい。こうしたことから「尾張名古屋は城でもつ」という言葉が生まれたのだろう。事実、東海道熱田の宮の宿からも、旅人は燦然と輝く金の鯱を見ることができたといわれている。

本丸御殿は、慶長二十（一六一五）年の創建当時は、義直の住居として建てられたが、その後、三代将軍家光が京都へ向かったときに宿泊し、その折りに増築した上洛殿と合わせて将軍専用の御殿となった。京都の二条城と並ぶ武家風書院造りで、面積は約三千平方メートル、部屋数は三十以上、当時の一流絵師である狩野探幽などが腕をふるった障壁画や飾り金具などで豪華絢爛を極め、昭和五年には城郭として第一号の国宝に指定されている。

城は本丸に天守閣と御殿がセットになってこそ城といえる。天守閣はいちばん大きな櫓で、戦の間には司令塔や展望台の役割を果たす。領主の権勢を示すものでもある。御殿は領主の住まいであり職場、役所だ。さらにいえば、城というのは文武両道の象徴である。武の象徴が天守閣、文の象徴が御殿である。御殿は殿様の哲学・思想が反映される建物だといえる。

御三家筆頭の尾張藩、その流れを汲む名古屋には、武家文化、侍文化といったものが色濃く残っている。徳川美術館には、日本一の大名道具があり、尾張二代藩主光友へ輿入れした千代姫が持参した「初音の調度」は日本一の嫁入り道具といわれる。蓬左文庫には、家康が義直に譲った駿河御譲本をはじめ、源氏物語最古の写本、河内本源氏物語など貴重な典籍が残っている。明治になって多くの大名家の文書が散逸したなかで、尾張徳川家の文書がそっくり残っているのは、徳川家と名古屋市がよく協議し、戦後の混乱期に蓬左文庫が名古屋市に移管されたからだ。当時、国会図書館が四千万円で買い取りの申し出をしていたというが、徳川家は地元にということで、二千二百万円で名古屋市が買い取ることができた。現在の予算規模に換算すれば約四十四億円になる。そんなお金があるなら、学校を作れとか、市営住宅を作れとか、かなり議論されたが、散逸したら二度と名古屋に戻らないということで、当時の市長の決断で残された経緯がある。こうした大名道具と典籍が両方残っているところは、全国でも名古屋だけである。このことは名古屋が全国に誇れる都市アイデンティティである。

また、名古屋城から徳川園までの一帯を、「文化のみち」として整備しており、平成十六年十一月には、その終点である徳川園を世界に誇る歴史文化公園としてリニューアルし、清流が滝から渓谷を下り海に見立てた池に流れる池泉回遊式の大名庭園を再現した。蓬左文庫の新展示館の建設と合わせ面目を一新し、大好評を得ている。

名古屋城は、第二次世界大戦中の昭和二十年五月にアメリカ軍の空襲で天守閣も本丸御殿も灰になった。「尾張名古屋は城でもつ」と言われるのに、そのシンボルがないのはいかにも寂しい。そんな市民の声を受け、天守閣のみ昭和三十四年に再建されたが、これが鉄筋コンクリート製。「木で作ればよかったのに」といまになって言う人がいるが、当時の建築基準法ではあれだけ大きな木造の建造物は造ることができなかったのだ。

一方焼け落ちて礎石だけ残っている御殿の復元工事は、平成二十年度に着工し、三期に分けて各五年ずつを予定している十五年に及ぶ大事業である。名古屋開府四百年にあたる平成二十二（二〇一〇）年には、玄関、車寄せ及び表一之間、二之間からなる虎の間ができないかと思って、いま、いろいろと手続きをしているところである。この虎の間には「竹林豹虎図」という有名な襖絵があり、大きな評判を呼ぶだろう。平成四年から営々と努力してきた障壁画の復元模写も陽の目を見ることになる。予定どおり事が運んだとすると、「文化のみち」の終点の徳川園（これは、尾張藩大曽根下屋敷のあったところ）の整備が終わったいま、順序は逆であるが、始発点の本丸御殿の玄関、車寄せ部分が名古屋開府四百年に復元されるのである。

障壁画の復元模写事業

障壁画とは壁画と障屏画、つまり壁や天井、障子、ふすま、屏風やついたてなどに描かれた絵のことで、とくに桃山時代から江戸初期には装飾性に富んだ豪華な作品が生み出された。本丸御殿の障壁画も、江戸幕府ができて戦乱が治まり、文化の面でも洗練され、優美なものが生まれつつある時期に製作されたもので、京都の狩野派の絵師によって描かれている。

戦争で天守閣や本丸御殿は灰になったが、この障壁画は空襲を避けるために疎開させられ、千四十九面が戦災をまぬがれた。このうち文化的価値の高い千四十七面が重要文化財に指定されており、名古屋市では平成四年度から障壁画の保存と伝統技法の再現・継承のため、当初の状態を再現する学術作業、復元模写の作業を営々と行ってきた。その数八百七十六面で、現在二百七十七面終了しており、あとは大きなもの八十三面と格天井などの小さな画を残すだけである。

多くの障壁画のなかでも、狩野探幽の襖絵「帝鑑図」は非常に質が高いといわれている。探幽が三十一、二歳のいちばんの充実期、エネルギーが満ちあふれていた頃の代表的な水墨画である。天子や将軍など、上に立つ者の治世をするときの心得を描いたもので、帝が鑑とする図、即ち帝鑑図であり、その意味でも文化的価値が高い。三代将軍家光も上洛の折りに、本丸御殿に二泊し、これらの障壁画を間近で見て大いに感心したのではないだろうか。

ポスターなどによく使われているのは、襖絵の「竹林豹虎図」の復元図で、豪華絢爛な桃山時代の雰囲気が色濃く出ている。竹と豹虎というのは昔からの典型的な図柄で、城主の権力を象徴するものだ。

徳川園が平成十六年十一月にオープンする直前、ＩＴＳ（高度道路交通システム）世界会議の前夜祭が徳川園のガーデンレストランで開かれた。このとき、名古屋の武家文化を典型的に表している絵として、この「竹林豹虎図」を場外へ出して展示したのだが、トヨタ自動車の豊田章一郎名誉会長が目を留めて、「すごいな、素晴らしい」と感心され、「ぜひ、本丸御殿を作りましょう」と言ってくださった。やはり百聞は一見に如かず、復元図を見て一気に認識が変わるという人も多い。最近はそのおかげで障壁画の復元作業を評価してくださる人が増え、ありがたい。

平成十八年二月にトリノへ行った折りにも何点かお見せしたが、熱田のあたりを描いた「風俗図」にいちばん人が集まった。ヨーロッパの人にはこういう絵が印象深いようだ。

私は長谷川等伯の「猿猴捉月図」を見たいがために、南禅寺の金地院で特別公開されていると聞くと、それだけを目的に京都へ出かけることがある。本当に絵の好きな人ならば、障壁画だけを目的に来てくれることもあるだろう。うまくPRしていくことが必要だ。

現在、海外からこの地を訪れる人は、仕事絡みなら、まずトヨタ博物館へ行く。日本のいちばん完成された総合的なものづくりの姿が見られるのはトヨタ自動車なので、工場のシステムも見に行く。しかし、世界的にビジネスを展開している企業のトップなどをお迎えする場合は、まず徳川美術館をご案内される当地の経営者は多い。完成したあかつきには絶対に本丸御殿にも来てもらえると思う。トヨタが名古屋の「ものづくり文化」が育んだ最先端の技術であるのに対し、本丸御殿は昔ながらの白木と匠の技術を活かした伝統技術の結晶である。

宮大工・西岡さんからの手紙

実は名古屋市は、平成元年の市制百周年記念事業の一つに、本丸御殿復元の構想を持っていた。その頃、日本の社寺建築の第一人者といわれた棟梁が、奈良・法隆寺などの解体修理を行った宮大工の西岡常一さんで、当時の市の担当者が、西岡さんへ復元に関して建築木材や大工の確保について問い合わせたところ、西岡さんから返事が届いた。

「ご書面の趣、市制百周年事業として誠に意義深い事業と拝察つかまつります」

「桧《ひのき》材をもってすれば、伝統の技法と相まって千年の耐用年数は大丈夫です。日本産良質の杉材をもってすれば四、五百年の耐用年数があります。城の場合、木工技能者と同様、左官、優秀な技能者も多数必要です。ただ今より材料、技能者を物色しても、着工まで四、五年は必要かと存じます」

スギなら五百年、ヒノキなら千年の命があると言う。名古屋市は、尾張藩徳川家の御用林だった縁で、木曽の良質のヒノキが得られることもあり、ヒノキで千年もつ御殿を作りたいと思っている。千年もつ木は五百年経つと、もっと締まってさらに強くなるそうだ。ただ五百年経ったときに一度、解体して組み直したほうがいいそうだが。

実際、平成十八年四月に、平成の大修理を行っている奈良の唐招提寺を見学した際、屋根の重みでたわんでいた千二百年前の木が、瓦をどけるともとの木のそりに戻るところを見せてもらった。破壊試験をしてもいまの木よりも強いという結果が出て、木の生命力のすばらしさをあらためて感じた。また、それを可能にする匠たちの伝統の技にも、大いに感心させられた。

本丸御殿の屋根は柿板《こけら》を葺くことにしており、その製作現場も見せてもらった。素材は木曽五木の中のサワラやスギで、ヒノキは使わない。輪切りにした木をミカン割りにし、それを斧で薄く割っていく。大きさは三十×十五センチくらいで、厚さは三ミリか四ミリ半。また、中心部の表面が赤い部分だけを使い、白太と呼ばれる辺材部分は腐るので使えないそうだ。職人が長年の経験に基づき目分量で割っていくのだが、大きさや厚みが揃った柿板は見事なものだ。柿板は何層にも重ねて張り、屋根として仕上げていく。本丸御殿では、一寸（約三・〇三センチ）下がりで、一尺の柿板を使うと、十枚重ねということになる。まっすぐのところはいいが、屋根の曲がった部分を仕上げるのは、やはり職人の技の見せどころだろう。

このほか、御殿の復元には、いろいろな技能をもった職人が必要となる。大工や左官はもちろん、建具、表具、欄間や飾り金具を作る人、障壁画を描く人、金箔を張る人などなど、京都迎賓館の建築では十一職もいたと聞いた。このような職人や集団を束ねる棟梁と、全体を仕切る大棟梁、そして技術的、文化的な面での研究者、技術者を集めた技術検討委員会などの力が必要だろう。まさに総合芸術である。

市民の盛り上がりと寄附金

「名古屋市民挙げての熱望がなければならぬ大事業かと存じます」

と西岡さんはさきほどの手紙で、私たちに檄を飛ばしてくれている。まったくその通りで、本丸御殿復元には、市民の協力と盛り上がりが不可欠だ。

他都市の復元工事においても、自分たちの心の拠り所を作るということで、市民からの寄附が多く寄せられている。大洲城は事業費が十三億円で寄附金が五億二千万円、白石城は事業費二十一億円で寄附金一億八千万円、丹波篠山の大書院は事業費十億円で寄附金三億二千万円、熊本城は建築費八十九億円で寄附金九億円。こう見てくると、大洲城は小さな町なのに偉いと思う。

名古屋城の本丸御殿でも寄附を募っているが、事業費約百五十億円に対し、現在（平成十八年五月）の寄附金は約六億円とまだまだ少ない。しかも新世紀・名古屋城博の利益金三億三千万円を加えての寄附金合計額である。まだまだ認知度が低く、市民の理解と盛り上がりが十分とはいえない状態である。

そんななか、新世紀・名古屋城博に来た男の子が、百万円を二度、計二百万円寄附してくれたのには驚いた。もちろん本人ではなく、男の子の祖母からお金をいただいたのだが、城の大好きな男の子で日本中のお城を回っているそうだ。

私は、ゴミ減量大作戦のときも学校へ行って、子どもたちと減量数え歌を作ったり、いろいろ提案を受けたりして、自分なりに作戦のヒントを得ていた。それで、本丸御殿の場合も、子どもたちの関心の度合いを知り、盛り上がりのきっかけを作りたいと考えていた。

そこで、平成十六年に、全十六区で一校ずつ、小学校四年生から六年生を対象に、私が学校へ出向いて、本丸御殿について話をした。話を聞いた西区の城西小学校の児童が、「名古屋にこんなにすごい財産があったなんて。本当にできたら素晴らしい」と、本丸御殿のために募金をして、四万数千円を寄附してくれた。ここは城にも近く、朝夕城を見ているだけに身近に感じるのだろう。

「どうして城西小学校という校名が付いとるか、知ってるか」と聞くと、児童たちはちゃんと、「名古屋城の西にあるからです」と答えていた。

子どもたちに本丸御殿の話をするとき、礎石が整然と並んでいる写真を見せるのだが、「これ何だ」と聞いてもわからない。お墓だとか、敵が攻めてきたときのバリケードだとか言う。天守閣のすぐ近くのこんなところに攻めてこられたら、もうおしまいなわけで、「じゃあ、どうして城壁があったり、大きなお堀に水が入ってると思う?」と子どもたちに聞き返すと、自分なりの考えを口々に答えたり、逆にこちらが質問されたりと、非常に興味を持って聞いてくれた。子どもたちが関心を持てば、家でも家族に話してくれるはずだ。

街を愛するとは、自分が暮らす地域にあるものの良さに気づくことだ。先日、二十五年前にポルトガルに移住された方から寄附をいただいた。「日本建築の屋根が好きで、日本に帰って来る度にそういった日本建築がなくなっていくのがとても寂しい。カーブがなくなって角ばかりになってきた」と言っておられた。日本建築の屋根のカーブは、世界ではとても珍しく貴重なものだと、その方は言っておられた。日本の建物の原風景は、屋根のカーブだと教えられた。移住以来、時をおいて、日本へ帰られるので、スカイラインの変化を敏感に感じられるのだろう。その方が、本丸御殿復元の話を聞かれ、伝統文化の復元のためにと、寄附をしてくださった。本当にありがたいことだ。

ドイツ東部ドレスデンにある聖母教会も、本丸御殿同様に、第二次世界大戦で空襲により破壊された後、戦争の悲惨さを後世に伝えるため廃墟のままとされていた。しかし、東西ドイツ統一後、ボランティアグループが、瓦礫の山から破片を一つずつ拾って再建しようと熱心な再建運動を行い、多くの市民や空爆したイギリスをはじめ世界中からも義捐金が集まり、十年余りの歳月をかけて「世界最大のパズル」といわれた教会が復元された。

本丸御殿でも、屋根を葺く柿板を市民に持ち寄ってもらえないかと考え、柿板への記名募金を開始した。募金していただいた方に、柿板に名前を書いてもらい、それを御殿の屋根に使うことにしたのだ。子どもでも寄附しやすいよう子ども料金を設定した。できるだけ多くの市民から寄附金を募り、復元に直接かかわってもらうことで、復元の機運の盛り上げを図っていきたいと思っている。平成の市民普請だ。募金開始にあたり、平成十八年六月には、中津川市から寄贈された柿屋根の模型の展示をしたり、柿作りの実演をしたりするイベントを行い、二日間で二万三千人もの人に集まってもらった。八月には市民にも参加してもらって、旧尾張藩の御用林であった地から、復元に使用するヒノキを切り出す斧入れ行事も行う。そして、十月には、切り出したヒノキを実際に柱として立てる柱立てのイベントを行いたいと考えている。実際にヒノキを見てそのすばらしさを感じてもらい、そこから本丸御殿復元に関心を持っていただきたいからだ。

御殿の復元には十五年かかる予定であるが、実際にはもっと早く作れないかと密かに考えている。また、市民の皆さんには復元中も工事の様子を見ていただき、自分たちの街の財産のすばらしさに気づき、誇りを持っていただけるようにしたいと思っている。

二　木の文化を子どもたちに伝える

工事の過程を見るのは楽しい

本丸御殿を復元するときには、前述のようにその過程が見られるようにしたい。普通は飛行機の格納庫のような大きな建家ですっぽりと覆ってしまって、中は見えない。東大寺の大仏殿の復元をはじめ、歴史的建造物の解体修理はそうするのが慣例だった。雨に濡れないようにという配慮のためだというが、何となくよそよそしい。仕事の邪魔をしないように、見る人の動線を考えて何とか公開できるようにしたい。

私は子どもの頃、家を建てているのを見るのが大好きだった。大工さんが、かんなをかけるのを今か今かとわくわくしながら待った記憶がある。しかし、大工さんは、なかなかかけてくれずに、冬場だとたき火にあたって、のんびりおしゃべりなどしている。大工さんから、「坊、もう学校行け」と言われても、「行かん。おじさんが削るのを待っとるんだ」と答えると、大工さんは、「ほうか、まだあかんのだわ」と言い、しばらくしてから、かんなをゆっくりと研ぎはじめる。こんこんと調整して、さあ削るかと思うと、また誰かと話し始めて、なかなかやってくれない。待ちに待って、ようやくかんなをかけると、薄いかんなくずがシューっと出てくる。それを見るのがとても楽しかった。

ほかに好きだったのは、柱や板に墨でちょんちょんと線を入れる所作。家の間取り図はさして大きくもない板に書いてあるだけだが、それを見て、糸をピーンと張り、はじいて墨で印を付ける。それだけで太い柱を組み合わせてしまう。よく合うなと、これにも感動した。

どこかで家を建てている、あそこでは建前があるとか聞くと、学校へ行く道順を変えてよく見に行った。おかげでよく学校に遅刻しそうになったが。学校を建てるにしても、こんなふうに建てているところから見せれば、子どもたちは校舎に愛着を持つだろう。

校舎建設に子どもが参加

本丸御殿の工事過程ももちろんそうだが、ずっと考えているのは、学校の建設に子どもたちを参加させようということだ。

日本の林業というのは、ある意味大きな間違いを犯したと思う。山の木を切ったあとに針葉樹を植えてしまった。いまになって花粉症などという病気が出るなんて思いもよらなかったし、ずっと木造の家に住むと思っていたのだろう。だからスギとヒノキ、とくに速く育つスギを植えた。

三河の山に行ったときは、秋なのに見事に緑のままだった。針葉樹を植林したところは紅葉しないからだ。だから落ち葉もない。すると地面に葉がたまらず、腐葉土もできない。山は荒れると同時に、保水力も低くなる。これから広葉樹に植え替えなければいけないが、そのためには、いま生えている針葉樹を使わないといけない。

そこで、名古屋市はその針葉樹を使って木造校舎を作ろうと考えている。いまは、コンクリート製でハーモニカを積み重ねたような校舎ばかりで、機能一点張りで個性がない。その意味でも、木造校舎を作りたい。木造といっても素材や工法などはどんどん進化しており、また、最新の耐震装置を備えたものや一部鉄筋コンクリートと組み合わせたハイブリッド工法というものも出てきている。しかし、経費面では鉄筋コンクリートで作るより二、三割ぐらい工費が高くなってしまう。役所は最少の経費で最大の効果を上げるのが至上命令のため、校舎も合理的経済的に作らなければならないので、木造ではできないということになる。どうやってコンセンサスを得るか。付加価値がたくさん付くようなやり方をするしかない。いくつかの教育的価値を付加させなければいけないだろう。

木造だと、柱を立てるときでも、本当にわずかな人間で滑車を使って上手に立てていく。その柱を立てるような作業に子どもたちを参加させたい。もちろん建築の過程も見せていく。工事現場は「よい子はここで遊ばない」「危険」「立入禁止」などと書いて、柵で全部囲ってしまっている。穴を掘るところなどすごく面白いのに、落ちる子がいるかもしれないといって近寄らせない。最近、街なかの工事現場などでたまに見かけるが、柵の一部を切り取ってプラスチックやアクリルの板をはめ、子どもたちが工事現場をのぞけるようにしている。そうやって、工事の過程を見せれば、興味を示し、できあがった校舎に愛着を持ってくれるだろう。また、スギやヒノキの香は、森林浴と同じ効果があり子どもたちを優しくし、落ち着かせる効果がある。「物を大事にしよう」とか、「自然を大切にしよう」とする心も育むことができる。

見せて、参加させる。子どもを校舎作りに参加させることは、木材や水の循環を考えさせ、さらにサスティナブルシティー（持続可能な都市）について身をもって勉強できる、まさに生きた教育ではないだろうか。しかしこういうことを言うと、必ず「授業時間が足らない」と言う人が出てくる。それなら夏休みにやってもいいし、やり方はたくさんある。ほんのちょっとのアイデアとやる気で、いろいろなことがよくなるのだ。

間伐材でマイデスク製作

木造校舎以外にも、子どもたちにもっと身近なところで木の文化に触れてもらおうと考えている。名古屋は地形上、上流から水をもらっており、川上の森がきれいでないと、名古屋にきれいな水は届かない。水源林というのは放っておいたらだめで、きちんと手入れしないといけない。日光が当たらないと地表の植物が枯れてしまうし、地表に落ち葉が積み重なってふわーっとしていないと、保水力がなくなってしまい、降った雨水が一気に外へ流れていってしまう。そうすると山に溜まった水が沢となって流れ、ダムに溜まるという構造が崩れてしまう。森が荒れてきて、山崩れが起きる。下流に住んで水の恩恵を受けている我々も、川上のことと傍観していてはいけない。また、「木曽川さん、ありがとう」と口先で唱えているだけでは駄目だ。森の保全、水の確保を考え、行動しなければいけないところまで来ている。

そのために何ができるかというと、まずは、間伐材を使うことだ。木は枝を伸ばす、大きくなるために一定の空間が必要で、密生して生えると大きくなれない。隣り合ったどちらかが枯れることもあるが、両方とも根が張れないとどちらも死んでしまう。そうすると山全体がだめになってくる。そのためには植えた木を、大きくなるに従って順番に間引きしなければならない。一本の木を大きく生かすために、周囲の弱い邪魔な木を切っていく。余分な切った木を間伐材という。そしてこの間伐材の利用法を考えないと、使い道がなくて腐らせるだけになってしまう。それだけではなく、手間賃が稼げないので次第に間伐をしなくなり、山が荒れていく。間伐材の需要を見つけることが必要なのである。

そこで、名古屋市の小学校で、この間伐材を使った机を使いたいと思っている。キットになった机と椅子を子どもたち自身に組み立ててもらう。間伐材の活用は、山を保全するための一つの活動で、緑の循環を考えるということである。合板などの新建材ではなく、ぬくもりのある木で机を作りたい。実際に山で働く人でそういう意識の高い人々はきっといると思う。

いま、考えているのは、子どもの成長に合わせて机と椅子が少しずつ大きくなるというもの。六年間、マイデスク、マイチェアを持ち上がりで使えるようにし、卒業のときは家に持っていってもらう。とはいえ、コスト的にはどうなるかわからないし、名古屋にある三百六十数校の小中学校を今すぐ、間伐材のマイデスクにするわけにいかない。現在使っている机と椅子を捨てるわけにいかないからだ。だから新しく建てる学校ではマイデスク制にするとか、既存の学校でも机を補充するときはマイデスクを採用するとか、徐々に変えていきたい。日本の国土の六十四パーセントが山である以上、その国土を守っていくためにも間伐材の利用を考えていかなければならない。そのためにも間伐材の机を導入することは、環境首都にとっては必要なことなのだ。

この趣旨に賛同してくださった愛知建設労働組合と愛知県建設産業協会は、平成十八年三月、岐阜県下呂市のヒノキの間伐材を利用した机と椅子のキット四十セットを名古屋市教育委員会に寄附してくださった。私も、昭和区の御器所小学校の子どもたちが職人の方から指導を受けながら組み立てるさまを見たが、参加した子どもたちは、木のぬくもりに触れることで、森や環境について考える大変いい機会になったと思う。自分で組み立てた机の表面をなでていた子どもの表情は、きらきら輝いていた。

三　本丸御殿は「環境文化」だ

尾張藩の御用林

平成十八年二月、岐阜県の加子母（中津川市）へ行ってきた。ここは、伊勢神宮の式年遷宮に使われる御用材を育成しているところで、昔は尾張藩の御用林だった。尾張藩は六十三万石だったが、木曽の美林という素晴らしい財産があったため、実禄百万石以上だと自負していた。木はそれぐらい価値が高かったのである。加子母へは以前から何度も訪れているが、今回は初めて谷筋まで入って木を切り出すところを見せてもらった。

昔から木曽の人々がいかに木、なかでもヒノキを大切にしてきたかは、当地の家を見るとわかる。一本のヒノキも使われていないのだ。私が訪ねた、かつての山守の内木さんの立派なお屋敷もまた、床柱は松、鴨居は栗といったように、どこにもヒノキは使われていなかった。

内木家は加子母村をはじめ四つの村の山を管理していた。山守は山の見回り、山火事の防止、盗伐の取り締まりなどを行うのが仕事。今でいう営林署長で、建築事務所長も兼ねているような職である。尾張藩からサラリーをもらい、安定した暮らしをしていたという。尾張藩から山の管理を任され、どこにどんな木が生えているか、一本一本の木について記録を取っていた。

この谷筋からは何本取れるか、この斜面からはといった具合に、山を見守り、木を育ててきた。そういう山日記が今も内木家には残っている。

その山日記を見ると、慶長十四（一六〇九）年、徳川家康が名古屋城築城のために木を出せと命じたとある。そのときには樹齢四百年の木を多く切った。翌年の清洲越しでは五万人が住んでいた町がそっくり名古屋へ移動しているので、建築ラッシュが起こっていたはずだ。ニュータウン建設のため、多くの木が切られて名古屋へ運ばれたと思う。

昔はヒノキ一本首ひとつと言われ、ヒノキを一本盗伐したら死刑になった。それくらい厳しく森を守った。ある時期、木が高値で売れ、次から次に切り倒して山から木がなくなった。それを尾張藩が非常に厳しい規制をして森を守ってきたという経緯がある。

すごいと思ったのは、この地方では木を切るのにノコギリではなく斧を使うということ。斧は切るときにカーンカーンと大きな音が出るが、ノコギリは小さな音しか立てない。つまりこっそり切って盗むことができる。ヒノキ一本首ひとつの時代、瓜田にくつを納れずで、盗伐を疑われるようなノコギリは村では誰も持っていなかったそうだ。

それほど、加子母の人々は高い志と熱意を持って、木を守ってきたのである。

白木の文化の継承

木は若木のときに手間をかけられ、すくすくと伸びてしまうとよくない。日光だ、水だ、肥やしだと若木のときに過保護に育てると、木の軸の中心部の年輪が広くなってしまうのだ。ブドウも水分も土も少ない岩山のようなところに根を張ったものほどいいワインになるのと同じく、平面でない、一見条件のよくない場所に生えた木のほうが強くなる。

木は中心部の年輪の間隔が狭いほど強い。若木のときに苦労するほど年輪が密になる。年輪が広いと芯がないことになり、柱には使えない。人工林が弱いというのはそこで、天然木の強さにはかなわない。天然木は適者生存で、厳しい自然に耐え切れなければ枯れるしかない。屋久島には何千本というスギがあるにもかかわらず、樹齢五千年、七千年という縄文杉は一、二本。千年杉になれたのもごくわずかで、運よく条件が整わなければ、そこまで育たないのだ。

加子母では樹齢千年のヒノキの輪切りを見てきた。昭和九年の室戸台風で大枝が折れ、その後切り取って調べたら樹齢千年だったそうだ。これは輪切りにした部分がいまも保存されており、年輪の緻密さには驚くべきものがある。

ある山の専門家の本に、「木は上から見よ」という言葉があった。尾根筋から見下ろしたとき、斜面に生えた木の山側が良くない木は裏側も駄目だということらしい。下から見て良い木でも、上から見ると駄目な木もあるので、まず上から見て良い木を探せということらしい。急峻な斜面に生えた天然の木はとても貴重で、式年遷宮に使われるような天然木は、そういったところに、がけから落ちないよう足場を組み、非常な手間をかけて切り出したということだ。ただ、裏木曽の加子母へ行っても、四百年、五百年の木はそうそうあるものではない。切らずにいたら四百年の木になるのではというと、まずそこまでもたない。若木のときに苦労し、強靭で、よほど生育条件が整わなければ、そういう宝物にはならない。

本丸御殿の基幹材にはそんな宝物のような木を使いたい。江戸時代初めの慶長年間に成長を始め、木曽の山で四百年間たくましく育ってきた木を。

内木さんや木曽の人たちからは、白木の文化を伝えてほしいと言われた。西洋の木というのは、たいていペンキやニスを塗って保存したりするが、ヒノキには何も塗らない。木の美しい木地を生かした文化である。時間が経ったなら、かんなをかければ本当にきれいによみがえる。そういう文化を伝えてほしいと。

エネルギーコストを考えても、白木を加工せずにそのまま使ったほうが、CO_2に換算したときのエネルギーコストはゼロになり、環境にやさしい。しかし集成材を使うと、ものすごいエネルギーが必要で、切ったり貼ったり接着したりと、相当なエネルギーを使う。もっと言えば鉄とかアルミとかコンクリートでできた家は非常にエネルギーコストがかかっている。昔ながらの白木の一本作りの家はエネルギーコストがかからない。しかも壊したときに、もう一度使うことができる。今は解体コストがかかるので燃やしてしまうことがほとんどだが、白木の家は解体して、いい材であれば何度でも使えるのだ。

ただ、白木、ムク、天然木と一口に言うけれど、柱、障子、廊下、床、天井など、それぞれ用途に合わせた材が必要になる。さらに、木目、柾目だというように、木の模様まで考え、その組み合わせを考えると、それこそ複雑な方程式を解くようで、用材を調達することは容易でない。しかも慶長年間と違い、建築基準法はじめいくつもの規制がある。火災や大地震のことも考えなければならない。文化財だからオリジナルを基本にしながらも新技術、新用途も考えたハイブリッドの工法も採用しなければ、平成の文化事業とはいえないだろう。

川上と川下の交流

先に本丸御殿は木で作ることに意味があると書いた。一本の柱を見て木を考えることは、木を産出した木曽の山々を考えることになる。水を考えることになる。木曽の山々の深い森がなければ、名古屋にこれだけ豊かな水はない。木曽の人々が森を守ってきたからこそ、名古屋には豊かな水が供給されるのである。一本の木は自然全体につながっているのだ。

さらには海もきれいにならない。上流の豊かな森は、下流で暮らす人を育て、海を育てることにつながっているのだ。本丸御殿の御用材を通して、そういった川の上流と下流の交流を考えていきたい。

ヒノキの実から芽が出た実生の苗がある。私の執務室にあるのも同じだが、実は実生の苗は百粒の実から三本くらいしか生えないそうである。実生の苗そのものが、すでに貴重品である。これを名古屋で苗床にしてしばらく育て、それを加子母へ戻そうということも考えている。実際、平成十八年六月のイベントで、柿板に記名募金をしていただいた方に、実生の苗木を配り、二年後にその苗木を山に返す約束をしてもらった。苗木を育てて山に返し、また大きな木に育てる。そういった昔から木曽川の上流と下流で行われてきた自然のサイクルをもう一度、本丸御殿で実現したいと思っている。加子母に平成の名古屋の森を作るのだ。

大きく育った木は、百年後、二百年後の本丸御殿の補修に使いたい。成長の限界を迎えた木は、CO_2の取り込みが鈍化する。そういった木を切り、苗木を植え、若木を育てれば、CO_2の取り込みが盛んになり、CO_2の削減や、森の再生にもつながる。これこそ自然の叡智そのものではないだろうか。

愛・地球博は十数年の準備で誘致に成功し、猛烈な生みの苦しみのなかで、自然の叡智にたどりついた。そして、日々カイゼンを経て大成功を収めた。その成果継承事業そのものである本丸御殿の復元は、名古屋が長い時間をかけて準備してきた人文化事業である。何百年という非常に長いスパンで考えた、自然のサイクルを生かす営みである。市民が環境を考え、実際に行動に移す生きた教材なのだ。

木の命や文化に直接触れることで、環境について考え、日常生活のなかで無意識に環境にやさしい行動を心がける市民が増えることを願っている。そしてそれが親から子へそして未来へとつながっていく。それこそが、サスティナブルシティーである。

エピローグ　一周先へ踏み出すトップランナー

平成十二（二〇〇〇）年八月七日、なごやの熱い夏。

ゴミ減量リサイクルへの厳しい挑戦、十万件にも及ぶ嵐のような疑問、抗議、苦情……、しかしいつしか提案、提言へ。いまでは、誰しもそれが当たり前に定着し、ゴミと資源は理論値いっぱいに分別されています。ゴミ減量先進都市、それは痛みと葛藤の末に勝ちとった名古屋市民の誇りです。

市政は川の流れのようなもの。ゆったりその身を任せていたいと感じるのが理想です。たとえるなら、腹痛があるとき、人は胃や腸の存在を意識します。ふだん快調なときは、臓器がどこにあるかなんて意識しない。そんな市政を心がけたいと思い、十年目になりました。

エコライフは、髪を振り乱して、必死に取り組むものではないと思います。それでは長続きしないからです。そうしないとかえって落ち着かない。気持ちが悪い。だから、ゴミの分別をする。冷暖房温度をもう一度上げ下げする。電車やバスに乗る。五百メートルは歩く。そんな日常生活のいくつかをさりげなく実践することを、誇らしく思う市民が増えてきました。また、そう思う市民とともに、まちづくりをしてきました。軽はずみと言われることはあっても、市民の目線でものを考えることを忘れたことはただの一度もありません。

名古屋は環境首都というには、まだまだ不十分です。けれど、条件が整う、機が熟するのを待つばかりでは、いつまでたっても走り出せません。走り出すためには、いま、宣言をすることが必要です。

愛・地球博で私たちは、未来の子どもたちに、美しい地球を贈り渡すことを約束しました。エコライフを宣言してくれた万博新人類ともいえる子どもたちの取り組みは、ほんとうに心強い存在です。名古屋市が作成した「未来の子どもたち」のピンバッジは、お金を出しても買えない「エコ活動の証」、そして「未来への約束を果たすことの証」です。

五年前、一周おくれで走り始めたランナーが、いま、一周先へ踏み出そうとしています。それが、いまの名古屋です。そして、さらに走り続けるための「なごや環境首都宣言」です。

名古屋の誇り、財産である分別文化、協働文化をさらに発展させ、よりよい地球環境をつくるために生かそうではありませんか。名古屋市民の志が、全国そして世界の人々に共有される日が必ず来ることを信じて、挑戦しようではありませんか。

未来の子どものピンバッジ

特別鼎談

地球の上の名古屋にしよう

二〇〇六年四月十二日　Gダイニングにて

名古屋市長　松原武久

NPO中部リサイクル運動市民の会代表理事　萩原喜之

中日新聞論説委員　飯尾　歩

◆ごみ非常事態宣言のころ

松原　私は、萩原さんが「ごみから資源をのぞけば、三十パーセントの減量はできる」と言ったときのことを鮮明に覚えています。そのときは、「うそこけ」と思っていましたが。

萩原　当時の名古屋市のごみの組成では、可燃、不燃ごみとも、八十パーセント以上は資源でした。また、四人家族に一か月、家にごみを持ち込まない生活をお願いしたところ、八十パーセントのごみが減りました。買い物のときに、必要のない容器は店に置いてきてもらいました。ただし、これは理論値です。当時の九十万世帯すべてが実行しないとだめです。話半分で四十パーセント。しっかりリサイクルシステムを導入した市町村で三十パーセントのごみ減量は可能というデータはありましたから。

そんなことがあって、中部リサイクルとして市の計画とは別の独自の計画を作りました。市の二年で二十パーセントとはちがう三十パーセントの計画でした。そして、市の計画を初めて批判しました。具体性がない、もっと柔軟にと。

そのころに、僕と飯尾さんは飲み屋で、行政の批判ではだめだ、減量をやりきろうと、松原さんスター計画を立てて、ごみ減量大作戦は始まりました。

松原　ＮＨＫの座談会の番組に飛び込んでみたりして、大変でしたよね。

飯尾　「ごみ減量市民大集会」では、工藤静香にマイバッグをデザインしてもらいましたが、参加者二千人でしたっけ。すごい盛り上がりでしたね。翌年のイベントは本人が来て……。

松原　そうでしたね。センチュリーホールでやりましたね。あの買い物袋は宝物になりました。

飯尾　ここ十年くらいの市長のゴミに関するインタビューに全部目を通してきましたが、いいなあと思ったのが、軽はずみな行動論。

萩原　前の本『一周おくれのトップランナー』のあと書きの書き出しでも、「なんて軽はずみな人なんだろう」と書いてしまいました。

飯尾　軽はずみって、ご自身でも言ってらっしゃいますよね。

松原　年頭挨拶に、「軽はずみのすすめ」をしたこともあります。

萩原　職員向けに軽はずみのすすめを説いていたと。軽はずみじゃないと新しいことはできないということですね。

飯尾　一九九七年、地球温暖化防止京都会議（COP3）の直前に、名古屋でICLEI（国際環境自治体協議会）の総会がありましたね。そのときに、名古屋は十パーセント、ICLEI全体としては、二十パーセントの二酸化炭素削減目標を出しました。記者会見で「勝算は」と聞かれ、市長は「期待値です」と答えています。「根拠が薄い」と批判的に書いた社がありましたが、ぼくはあれでよかったと思っています。理想を掲げ、方向を明確に指し示すのが政治家です。市民の賛同、参加が得られれば、結果としてできてしまうのです。理論を超えて。

松原　いちばん最初は、一九九七年秋の中部九県知事・名古屋市長座談会で「チャレンジ一〇〇」を提唱しました。年中、靴箱を持って歩いていました。「これ何グラムすると思いますか」とか言って。

萩原　何回か見ましたよね。市政映画でもやっておられた。

飯尾　当時ぼくは江南市にいましたが、きゅうり一本五十七グラム。江南市長はいつもきゅうりを持って歩いていました。この分だけ減らしてください、と。

松原　あのころに比べたら、いまは、まあ何もやっとらんと同じですね。

◆環境万博と藤前干潟

松原　博覧会のテーマの変更は、あるところで誰かが政策的に考えていたのですか。

萩原　政策的に考えたのではなくて、世の中の動きに合わせたのだと思います。

飯尾　実は、一九七〇年の大阪万博のときにも、テーマ委員会は当初「人類の知恵（Man and their wisdom）」を掲げていたのです。世界にはびこる不調和に立ち向かう人類の知恵。ところが、六七年に予定されていたモントリオール万博のテーマ「Man and their world」に似すぎているので、変更になっているのです。竹林の恵みなど、自然との調和も検討に上がっていたのですが、結局、高度経済成長の大河にあらがうすべもなく、地下水脈として封じこめられてしまっ

萩原喜之

飯尾　歩

松原武久

松原　ていました。それを愛知が掘り当てたのも、なんだか象徴的ですが。

松原　博覧会のテーマも、最後は、ネイチャーズウイズダムとグローバルハーモニーになりましたが、その前は「自然の叡智」という言葉はあまりはっきり出ていません。

飯尾　「自然の叡智」は中沢新一さんの言葉ですね。

松原　それは、海上の森では無理だと思い始めてから？

萩原　ちがいます。海上でも「自然の叡智」でした。環境というバイアスがかかり始めたあたり。それは海上の断念とは重なっていません。

飯尾　海上を生かすための「自然の叡智」だったと思います。

萩原　「自然の叡智」は海上にこだわりが強くて出てきたキーワードともいえます。

松原　新住宅構想はもう無理だと思い始めましたよね。どこかで。

萩原　新住は無理だろうというのは、経済的にも見えていました。ただ、ベースとして新住ありきで進んでいました。経営的にはだめだとみんなわかっていました。昔作った計画だからそうなっていただけで。

飯尾　インフラを作ってしまったら、それを生かさないと損、あるいはそのためのインフラだという流れでしたから……。

松原　そうすると、検討会議でわんわん議論していましたが、あのときは、どこへ持っていくかという着地点はあまり考えていなかった？

萩原　そうですね。解けない知恵の輪と言われていました。分散会場とか、あそこではできないので、どこへ持っていくかという議論ではありました。よかったのはオオタカが出てきたこと。オオ

松原　タカがみんなの幸せを運んできました。青少年公園に移ってやれたわけですから。

萩原　いつごろだったか、環境万博をやるのに、お膝もとの名古屋で藤前干潟をつぶしていいのかという議論が出てきました。

飯尾　環境省の生え抜きの官僚たちは、中部国際空港、藤前干潟埋立中止、環境万博を三点セットとして考えていました。アセスもしないような埋立計画は、ということになってきたのです。

萩原　財界もトヨタ中心に「三つのT」なんて言っていました。常滑沖の中部国際空港をエコ化する。トヨタが環境配慮の車を造る、あるいは東部丘陵地帯で環境がテーマの万博を開く。この三角形の中心に名古屋があったわけです。

◆市民社会の芽が育ち分別文化が浸透

萩原　市長は前の本で、ごみ減量に取り組んで、環境というキーワードを引っ張り出していますが、みんな気がついていないかもしれませんが、実は、ごみ問題のなかから市民社会の芽を出してしまったのです。現場から。これはすごいことだと、ぼくは思います。万博にも同じ流れがあるわけです。市民参加というのか市民社会というのか。市民力がついたのです。

松原　名古屋の転入者の数を調べていますが、年に約九万人入ってきています。人口はそんなに伸びていませんから、九万人近く出ていっているということ。それだけ新陳代謝しているということですが、名古屋には「根魚」みたいな人がいるのかもしれません。あいなめみたいな。そういう人たちが、ゴミの出し方も「こうやってやるんだよ」と教育しているのかもしれません。

飯尾　ぼくは、二〇〇〇年八月七日、容リ法完全施行の当日に、ごみ収集車の後ろをついて中区を回りました。どこへ行っても世話役みたいな人が六、七人寄っていました。中区だからかもしれませんが。昼間人口は少ないものの、根付き人の密度が高い。そういう人たちが「ごみの分別達人帳」を見て、井戸端会議をやっていました。名古屋というのは、古いコミュニティの良いところも悪いところも残っています。ひとつ間違えば、いらんお世話、ごみファッショですが、納得がいけばとことんやるのが名古屋人。

松原　私は萩原さんにはいつも言っていましたが、いつリバウンドが起きるかと常に心配していました。

萩原　常識的には起きると言われています。

松原　いつ起きるんだろうと思っていましたが、順番に順番に減っていくんです。よその有料化したところでは、リバウンドしていました。名古屋ではリバウンドが起きません。その要因は、根魚名古屋人が健闘してくれているからだと思っています。

飯尾　ずっと見ていますと、要所要所に市長が顔を見せているんですよ。たとえば、二年目のときに、ご自身でエコライフ宣言をするとか。「ごみ減量作戦」が続いていることが市民にわかるように、節目で顔を見せるのはすごく大事だと思います。二年目にリバウンドがあるなあと思ったときに、市長が肉声をきかせているのがすごく大きかったと思います。

松原　私は、とにかく絶えずリバウンドが心配でした。なんともならんようになるのではないかと。

萩原　確かに市長が言われるように、二十年くらいで住民は入れ替わってしまうわけですから、一六分別のルールがわからない人ばかりになるのではという危惧があります。それをなんとかしたいというのはあります。もう一つは、確かに非常事態のときにやらされたという感覚があるかもしれませんが、実はみんながやったんです。市民参加でもう一度名古屋市のごみ非常事態の評価をしようと、無作為抽出の市民に議論してもらったことがあります。驚いたのは、そうした普通の市民から「分別文化」という言葉が飛び出したことです。高度分別は市民の誇りだから守るべきものという認識があります。自分たちの誇りというのは驚きですよね。それがなければ、人に伝えようとか守っていこうという気にはなりません。

松原　なぜ有料化をしないのかという声もありましたが、今の「分別文化」という、いいことをしているという気持ちがなくなってしまうほうがかえって怖いと思いました。いまのところ有料化にはいきません。いまは、第四次一般廃棄物処理基本計画をつくっています。最終的に処分量が二万トンまで減らないといけません。そのためには生ゴミをなんとかしなければいけません。燃やすごみそのものは減ってきていますから、中間処理工場の再配置、機能転換をしないといけません。

萩原　最終処分廃棄物が出ないようにする工場に進化しなければいけません。ごみ減量ができたのも、市長が人を相手にした仕事をされていたからかもしれませんね。かたい言葉でいうと教育者ということになってしまいますが。いままでごみをやっていた人たちは、機械やものを相手にしていた人たちばかりでした。人が動く、人が変わることがないとごみは減らないということは、わかっているようで誰もわかっていませんでした。

飯尾　ぼくは可視化ということにこだわります。ふつうに暮らしている限り、「環境」って見えにくいものなのです。みんな悪気があってやっているわけではありませんが、ごみは消えてなくなると思っています。それを、藤前がまず見せてくれました。愛岐処分場が岐阜にあったのもよかった。岐阜県に頼ってばかりではいけないと、ふつうの人なら思います。ご近所に迷惑かけたらいけない。自分のところでやらなければと。そこで、もう一つ必要な要素は、きっかけです。回覧が一枚回ってきて「分別しなさい」では、なかなか気持ちが入りません。市長が顔を見せて肉声で話すということで、ごみが可視化されました。この人の話をきけばいいんだと。市長が一生懸命やっていますと……。市長の肉声を聞きながら、自分たちの出すごみに対する責任感に目覚め、行動に結びつくような関係が築かれていったのだと思います。

萩原　それがなかったら暴動が起きていました。実際、暴動は起きかけていましたよね。容リ法に基づいた資源収集が始まったとき、二週間名古屋市の電話はつながりませんでした。

松原　十万件の苦情や問い合わせの電話がありました。

飯尾　暴動になりかけたかもしれませんが、市長の顔が見えていたから納得もしやすかったと思います。

萩原　文句は言いたいけれど、やるしかないなあと。藤前干潟埋立断念で役所も変わったし、名古屋市民も変わりましたよ。理屈でなく、身体で体験できたからだと思います。ごみの部局は市民と何かいっしょにやることへの抵抗感はもはやなくなりました。むしろ、いっしょにやることを積極的に進めています。市民は今の高度分別は自分たちの誇りだと思い始めています。行政も市民も難局を乗り越えたことで、自信を持ったことが大きかったですね。

◆名古屋は環境首都になりたい

松原　ところでこの次ですが、名古屋は環境首都になりたいと思っています。そのためにはどうしたらいいでしょう。

萩原　三年前に計画すればなれると思います。施策がきちんと実行されていないといけないので。行政主導ではなくて市民参加を前提にと、基準もだんだん深くなっています。かなりいいところまできているとは思いますが。

松原　考えてみると、十万人くらいの都市がやりやすい。二百万人のところはやりづらいですね。

萩原　できたらすごいですよ。市長の年頭の挨拶のように、二〇一〇年までにCO_2十パーセント削減するというのをやりきったら、日本の環境首都どころか世界で初めて達成した街になります。そちらをねらったほうがいい。

飯尾　そうですね。

松原　三月末の段階で、エコライフ宣言をした人が二十万人を超えました。博覧会協会から博覧会のＩＣカードを三十万枚もらって各学校に配りました。裏に自分の名前を書き込めるようにして。それが十四万四千七百九十四人。市の職員が二万五千二百二十八人。職員はこれで頭打ちです。人にやらせておいて自分がやらん法はないだろうということで、みんな宣言しています。子どもたちが、おじいちゃんも、お父さんもと言い始めたら、また、ごみのよう盛り上がっていくのでないかと思っています。

萩原　ごみは見えるのと非常時でやったというのがポイントでした。CO_2は見えないのを平時でどうするかという話です。

松原　いまは困らないですからね。子どもたちは、たぶん、実際困ります。五十年先の子どもたちは。学校の先生は、「きみたちが困るから」と言っているようです。このエコライフ宣言がどのくらいまで進むかですね。

萩原　ごみとちがってCO_2は見えないのと同時に、まあごみもそうなんですが、本質的にさきほどの二万トンまでもっていくためには、出てきたものをどうするよりも、その前段階、生産から消費のあいだ、いわゆるライフスタイルを変えるということがあります。グリーンコンシューマーで神話的な数字が七パーセント。七パーセントの消費行動が変われば店は棚の品揃えを変えます。たとえば、バージンのトイレットペーパーから再生紙に。さきほどの二十万人がほんものなら、絶対できると確信を持てます。

松原　今、学校の子どもたちのノートは、再生紙でないものは絶対ありません。全員再生紙のノートを使うようになりました。再生紙以外のノートが流通しなくなっています。とくに子ども用では。それくらい変わってきました。萩原さんがおっしゃるように、今後グリーンコンシューマーが増えていくと、作り手の側も変わりますよね。そういうふうにやっていきたいですね。

萩原　市長が十パーセント削減と言ったら、ごみのときも言いましたが、絶対できるわけです。できるのですが、ゴミのときに市長が言われたように、誰もやったことがないし、絶対できないとみんな言います。

飯尾　一口にCO_2と言ってしまうと、相手が見えないから戦意喪失しがちです。経済システムを変えないと……とか、最初から大げさな話になりがちです。ごみのときは、なるべくごみの山を見てもらうことで、行動を促すようにしましたが、今度は逆にしたらどうですか。自分たちの行動の結果が見えるようにできたなら、それをCO_2の削減量と結びつけて考えられる仕組みや指標ができたとしたらどうでしょう。それがエコマネーなんだと思うのですが。

萩原　名古屋市のCO_2はずっと増え続けています。要因は世帯数の増加、事業所のエネルギー使用の増加、そして車です。でも、減った部分があるんです。それはごみ減量が達成できて、ごみの焼却分が減ったことです。やればできるということです。

飯尾　とりあえずは、CO_2とは無関係に、自分たちの生活からむだをなくす行動にポイントを付けてみるわけです。ポイントがたまるとごほうびがもらえます。ポイントがたまっていくこと自体が楽しみです。尾張の人は貯金通帳を見るのが好きだと、よく陰口をたたかれますが、別にいいじゃないですか。そうすることで、実際にCO_2は少しずつでも減るわけです。やっているほうの頭のなかで、最初は別々だったポイントの増加とCO_2の減少が、いつかどこかで結びついてくれればしめたもの。そうなるような仕組みづくりが必要です。

松原　エコライフ宣言では、省エネ型商品、詰め替え型商品、再生品、地産のものを選ぶというのにみんなが○を打っています。なのに、いまだに地産地消の給食は始まりません。なぜやらないかというと、安定供給のために、たとえば北海道のどこそこ農協と年間野菜をどれだけ買うと契約してしまっています。全校横ならびとか一律安定供給にこだわらず、今日はこういうものが入荷しないからみんなで買い出しに行こうという学校が一つくらいあってもいいのではないでしょうか。それが生きた教育だと思います。

飯尾　いいですよね。非常時のために学校菜園をつくっていて、今日はみんなで芋掘りに行くかとか。

松原　そういうことを、どうしてもう少しさっさとやらないのかと。それをやりだすと面白くてしょうがないと思っています。

飯尾　世の中動いていますよ。ファミリーマートが生鮮食品に比重を移すと言っていますが、コンビニに生鮮が入れば、次は地産地消にいきますよ。そのほうが効率的ですから。

◆エコマネーセンター

松原　エコマネーセンターが一か所しかなくて、電車に乗っていくのもということもありますから、端末でぽんぽんとできるようになったらいいのですが。

飯尾　エディカードのようになるといいですよね。いろいろな店にあって。

松原　萩原さんのところでやっているようなカードがあって、それを機械に通せばたまるとなれば一気に増えていくと思います。

飯尾　イーズカード（使うとポイントがたまり、それに応じて信販会社が環境団体に寄附する仕組み）も、今から考えればエコマネーのようなものです。

萩原　全部、ごみ非常事態宣言のときに下地はありました。

飯尾　セントレアが開港してＡＮＡがマイレージカードにエディカードをくっつけました。だからエディカードみたいなところにエコポイントを登録したり引き出したりできる工夫をすると、いつでもどこでもできて、加盟店も増えると思います。

松原　そういうものに入っておくとものを買ってもらいやすいということになれば、加盟店も増えることになりますね。そういうシステムができていくと飛躍的に増えると思います。いまは、センターに行かなければなりません。

萩原　それは博覧会仕様でそうなっているだけです。本来はどこかのお店でポイントを出していて互換性があるのと同じように、どこでも全部発行できる状態になるはずです。

松原　そういうシステムをつくっていくことによってブレイクすると思います。

飯尾　最終的に二割か三割の人はどうしようもないと言っていましたが、そういう人には無意識にやってもらえばいいわけです。ポイント制は、それにはものすごくいいシステムだと思います。エコ行動をしているという気持ちはなくても、そのカードを使いこなしてもらえれば、少なくともCO_2削減という結果はついてきます。続けるうちに「意識」のほうがついてくる可能性も高い。

松原　ところで、博覧会協会は剰余金を今後十年くらいはEXPOエコマネーセンターに多少使ってくれるんですよね。

萩原　そうなると思います。このエコマネー事業は市民の参加もあり、愛・地球博のシンボリックな事業となってしまいました。エコデザイン市民社会フォーラムがお母さん、博覧会協会がお父さん。二人でつくった子どもだという意識でいてくれます。子どもが育つまでは、お父さんもめんどうを見てくれるでしょう。でも、早い自立が必要です。飯尾さんが社説に「嫡出子」と書いてくれましたが。

松原　博覧会をやって、ソフトとしていちばんいいかたちで残ったのはエコマネーですからね。これを継承し発展させることは大事だと思います。

飯尾　ぼくの仕事はエコマネーの可視化です。みんなにエコマネーを見てもらおうということです。

松原　私も、名古屋市でやりたいと手を挙げてしまいました。

萩原　トップマネージメントってすごく大事だと思います。市長が手を挙げてくださったから、エコマネーは、いまがあるのです。

飯尾　市長はあのとき、一番にこだわるってすごく大事なことだとおっしゃっていましたね。エコマネー事業の継承者として一番に手を挙げるのが。

松原　あのときに、どうして名古屋だとぶつぶつ言った人もいるようですが、自分もやりたいならやりたいと言えばいいのです。

萩原　市長が言ってくれなかったら、事業継続なんてありえませんでした。事業継続になる前に市長が誘致すると言ってくれたのはいいのですが、そのための資金をどうするか？　誘致の意味で家賃は出していただきましたが、事業継続そのものには名古屋市民の税金は使えないわけです。あとづけで、協会が一年間継続させる予算を出してくれたのでいまがあるのですが、もしそれがなかったらどうするおつもりだったのですか。

松原　私は運営のお金くらいは、環境のためだと言えばなんとか出せると思っていました。

飯尾　軽はずみですね。（笑）

萩原　計画性がありません。（笑）

飯尾　政治家ってそれが大事だと思います。政治家は「なんとかなる」でいいんですよ。あとは、部下や市民になんとかしろ、と。

松原　今度、ブランチを二つばかり作ります。その運営費もいるわけで、その分は名古屋市が出します。萩原さんが、なぜエコマネーセンターというのか、最初はよくわかりませんでした。博覧会で行ってみたら、ものすごく盛り上がっていて、これは面白いと思いました。とにかく見える化しないとだめだと。自分が何をやっているのか、どこを走っているのかわかりませんから。

飯尾　エコマネーセンターの壁を飾る大木の絵と葉っぱのシールのアイデアは、秀逸ですね。ポイントをセンターに寄附するたびに、葉っぱのシールが増えていく、あれ。あれで一ポイントがむだにはならず、着実に緑を増やす糧になるのがわかります。まさに可視化です。自治会ごとにやればいいと思います。シールを貼るくらいかんたんだし、子どもは喜んでやります。

松原　ある学校はどれだけ葉っぱがたまったと。名古屋環境大賞を出してやれと言っています。

萩原　博覧会期間中も驚いたのですが、あの金山のアスナルで、土日だと千人近く、平日でも五百人の地元の人がエコマネーセンターに来るというのは変です。しかけた側からしてもおかしい。

飯尾　変わったんですよ、人が。この前の万博開幕一周年イベントのときも、行列はできないまでも入場管理をしていました。

松原　あのときは、九千人くらい来ましたからね。

萩原　ただ人が来ているだけではなくて、きちんとポイントを入れています。名古屋市民はこわいなあ。変わってきましたよ。とくに、さっき市長がおっしゃった二十万人、幼稚園から高校まで、子どもたちがカードを持って家族を連れて来始めているのは大きい。

飯尾　タイミングとして次の段階に入らなくてはいけないときに、市長が顔を見せて肉声をきかせてくれたのは大きい。それに、万博がいちばんいいときにはまったと思います。

松原　いいタイミングでした。

飯尾　万博も最初はごちゃごちゃしましたが、それがかえってよかったと思います。

松原　あとから考えるとね。藤前のごちゃごちゃと同じ。

飯尾　開幕直後に人が入らなかったのは、少し様子見。ところが、近所の人が、楽しかったよ、面白かったよ、きれいだよ、ちょっとためになるしねという話をするなかで、環境問題が次第に普遍化されていきました。環境って、特別な人の特別なものではないんだと。海上の森をめぐる議論のなかでは、環境イコール自然保護だからと、多くの人が遠巻きに見ていたのでしょう。しかし、そうではないんだと。そこで、エコマネーセンターが果たしたいちばん大きな役割は、万博会場に入るだけで一ポイント、エコマネーセンターに行ったら一ポイント、「これでいいの？」という人に、「これでいいんですよ」と言ってくれました。こんなことならぼくらもできるよ。ぼくらもエコできるよ。そう思わせました。エコマネーセンターが通訳者、あるいは可視化のメガネだったのです。

松原　博覧会というのは、二十一世紀が環境の世紀だということをきちんと意識づけた大きなイベントでした。

飯尾　生活のなかに、環境を無理なく組み込むことができました。

萩原　軽はずみと同じ市長の言葉で、「意欲係数」っていうのがありますよね。人がその気になるって大事です。ＥＸＰＯエコマネーも可視化以上に大きな役割を果たしているのは、みんながその気になる装置なのです。

松原　おっしゃるとおりです。私はそういうものをあまり信用していませんでしたが、博覧会の盛り上がりぶりやごみの減量のときの市民の動きを見ていますと、意欲係数ってすごく大事だと思います。

萩原　それが命ですよ。

◆交通「四対六」をめざして

松原　四対六のためにはパークアンドライドが飛躍的に増えないとだめだと思います。名古屋市外の人も地下鉄に乗ってくださるだけでもうかるんだから、その分の税金を還元するということにならないと。もう一つは、少なくとも広小路通は車が入らないようにするとか。

萩原　名古屋でやれたらすごいと思います。

松原　エコカーは駐車場料金を割引きするとか。

飯尾　お願いしますよ。

萩原　ぼくも飯尾さんもプリウスに乗っていますから。

松原　エコカーは駐車場料金を割引くようなことをしないと、エコカーが普及しませんよね。

飯尾　まず、栄で３Ｍ（デパート）を巻き込んでいただきたいんですよね。

松原　３Ｍをね。

飯尾　今、名駅に対して栄は地盤沈下しています。公共交通機関で来る人に共通のお買い物割引券を出すとか。それがまた、エコポイントに交換できるとか。一社だけでは大変でしょうから、三越、丸栄、松坂屋、できればパルコまでくらいが組んでくれるといいですね。デパート側にとっても、すごくいいと思いますが。

松原　そうですね。交通四対六が実現できると、百億円収益が改善できます。すごく大きい。

飯尾　ぼくはモーダルシフトの社説に、これは自動車のためでもあるということを書きました。名古屋の人はものすごくかわいそうな自動車の使い方をしています。車がない時代に逆行することはないのですから、自動車を効率的に使うためのモーダルシフトが必要なのです。自動車を使うべきでないところで使うのは、自動車がかわいそうだと思うのです。

松原　一度電車やバスに乗るということが生活のなかに入ると、苦ではありません。駐車場に車を入れて目的地のデパートへ行くまでに五百メートルくらいは歩いています。公共交通機関をライフスタイルに取り入れてほしい。地下鉄を環状化することによって乗る人が増えました。当初は六万人増えましたが、今は平均して二万人増えています。次に徳重まで地下鉄がのびて、そこをパークアンドライドのための実験的な街にしたい。まちづくりもふくめて。コンパクトシティの実践をするくらいのまちづくりをやってみたい。そこまでは車で来て、そこからは地下鉄で中心部へ来る。東南では徳重、北は、西は、というのを作らないと、四対六にはならないですね。また、森川先生（名古屋大学大学院環境学研究科教授）にそのへんのところのお知恵を借りたいところです。

萩原　CO_2十パーセント削減ということなら、車は絶対にやっておかないといけないことです。しかも、車が難しいのは自分の努力だけではなんともならないことです。仕組みがないとだめです。

飯尾　いま、名古屋なら車のほうが速くて安くて便利となってしまいます。東京のように慢性的な渋滞はないですからね。

松原　あおなみ線に、なにがなんでも乗っていただくような手立てをこうじたい。開通してわかったことは、初めて少し苦労しておいたほうが楽ということです。荒子の駅のほうの人はあおなみ線の荒子の駅で乗らないで、高畑まで歩くんです。高畑までは七、八分余分に歩かないといけないが、あおなみ線で行って名古屋駅のごちゃごちゃのなかで七、八分歩いて乗り換えるより、先に高畑まで歩いて地下鉄一本で栄まで行ったほうがいい。ここをわれわれは読み誤りました。敬老パスの人は乗り継いでもただだからいいのですが、そうでない人は乗り継ぎ割引きをそうとうしないといけません。

飯尾　駅の移動のバリアフリーだけではなくて、各交通機関のあいだのバリアフリーが非常に大事だと思います。中部で絶対的に遅れているのは、共通パスです。スイカ（関東）やマイド（関西）みたいなものが二〇一〇年にやっとできるわけです。スイカなんて、すでにそこにいろいろ乗っける二次利用を考えているのに。

松原　関西は三つの都市が連携できるというのが強みですね。

飯尾　三都でなんとかとか。

松原　名古屋は相手がいなくて困るのです。そういう点では。車世代になってしまった人はなかなか難しいと思いますが、今の若い人がなんとか車に頼らない生活をしてくれないかと思っています。

飯尾　ぼくは最近極端になりました。まだ六千キロしか走っていません。丸二年過ぎましたが。人に乗せてもらうのも上手になりました。

松原　相乗りの文化が進んでいくだけでもそうとうちがいます。

◆チームマイナス10％結成！

萩原　ＥＸＰＯエコマネーは、グランパスとか演劇とかミュージシャンとかの、もう少し人が来てほしい空き席をポイントすることもできると思っています。そうすれば地元の文化も上がっていく。

松原　展覧会などのチケットとか。

飯尾　カードを見せたら美術館は半額とか。博覧会協会の管理が終わったら、いろいろな記念カードを出せないでしょうか。ボストン美術館でなんとか展をすると、その記念カードを出すとか。かつてのテレカブームみたいに。

萩原　カードはできると思いますよ。いろいろなパターンつくれますよ。

飯尾　今日、ものすごく成果だったたと思うのは、全部つながっていることです。時間的にも、段階的にもばらばらに行われているような事業が、実はつながっているというのが頼もしく思えました。それらを結ぶ共通言語が実は、エコマネーです。とにかく、分別は名古屋の文化と言われるようになりました。次は、エコマネーを名古屋の文化にしたいのです。

松原　そうですね。

飯尾　名古屋は、今まで理念だったエコマネーを生活の道具として初めて利用に成功した街になりつつあります。実験でも趣味でもなんでもなく、それが環境、あるいは生活の共通言語として定着した都市にする。全部エコマネーで結んじゃう。これができたら、CO_2十パーセント削減は達成できると思います。

松原　なごや環境大学でも、将来的には途上国の人たちに来てもらって勉強してほしい。名古屋で、ゴミ問題、環境問題の勉強をしてほしい。夏なら夏にそういう人対象の講座を開くことにします。滞在費がかかりますが、博覧会のときに名古屋国際センターがやった「一〇〇〇人ホームステイボランティア制度」を生かしたい。二千二百家庭で三千八百人をホームステイさせた実

萩原　績があります。名古屋には「一〇〇〇人ホームステイボランティア制度」があるから、集中講座を受けてくださいと、途上国の人たちに勧められます。なごや環境大学の国際性を高める手立てとして、この制度を発足させておいたのです。それを使おうということです。

松原　確か、環境首都になるためには「国際性」という項目もありましたからね。よく考えていらっしゃいますね。

萩原　環境大学の大学間の単位の互換性は、名市大（名古屋市立大学）が中心になってやってくださったし、名古屋大学はそのときに環境学の大学院をつくってくださった。こんどは、途上国の人に来てもらって、名古屋のことを勉強していってもらえばいい。

松原　市長は就任した年に、イクレイの自治体サミットがあって、十パーセント削減を言っていますね。

萩原　そう、言わされました。名古屋は議長市なので何もやりませんとは言いにくくて、議会に五と言おうかと相談したら、そんなけちなこと言うなと。きりのいい数字だし、十と言おうということになりました。

飯尾　あとは職員と市民がやりますから。

萩原　政治家ってそれでいいと思います。今までは、「職員がやります」でしたが、もう名古屋は職員と市民がやります。大半は市民がやります。職員がお手伝いしますという基盤はできています。

松原　正直に言うと、二〇一〇年まで私はやっとらんよなと思いました。

萩原　そのときはそういうつもりでおっしゃったかもしれませんが、前の本を読んでいて驚いたのは、ごみから環境と言って、すでにCO_2を減らすと宣言してしまっています。今年の市長の年頭の挨拶（名古屋市のホームページ参照）に感激しましたから、いろいろなところにファックスを

飯尾　流して知らせましたが、みんなびっくりしています。われわれが言うのは当たり前です。でも行政のトップですよね。それで、あの挨拶はすごいことなのです。

萩原　ぼくもCOP3（一九九七年十二月一日からの）の会場にずっと詰めていました。そこでは「十パーセント削減なんてできるわけない」という声が強かったのです。だからこそ、いま、やってほしい。これができたら、業界から身をひいてもいいくらい。

松原　十パーセントプロジェクトを絶対につくらないと。この三人で、「チームマイナス10％」を結成しましょう。

萩原　十パーセントのめどをつけて、ほんとうの環境首都ですよね。

飯尾　十パーセントのめどをつけたら、環境首都どころか、ぶっちぎりの世界の名古屋ですよ。

萩原　極端な話、できなかったらそれでもいいと思います。やろうとすることがまず大事。

飯尾　市長がやろうと言うところに重みがあります。ごみ非常事態宣言がすごかったのは、市長が声をあげてから、みんながおれがやると言い出したことです。

萩原　そこなのです。市長が顔を見せて肉声でというのは。自発性の連鎖というのは、起こす人が必要です。最初の波を起こす人が。それも生半可な人ではだめなのです。

松原　やっぱり万博だけでなくて、ごみの非常事態がなかったらこれはありませんね。万博と名古屋市のごみを相似形でとらえていましたが、名古屋市のごみの問題がなければ万博の成功もありませんでした。

　そうですね。環境万博になりえなかったかもしれません。できたとしても、会場での九分別などがうまくいかなかったかもしれません。

萩原　そういう意味では、とんでもないことが松原さんの時代から起きてしまったのです。

飯尾　ごみ非常事態宣言がなければ、そして、その後の減量をなしとげたというベースが名古屋市民になければ、万博にこれだけのめりこめません。名古屋市の成功は他の市町村にも波及効果が大でした。つまり、助走期間があったから、万博にあれだけみんな入ったのだと思います。

萩原　それは言えますね。そういう意味では松原さんの存在ってすごい。

飯尾　時の運みたいなところもありまして、市民運動のなかには対立軸でしかものごとをとらえない人も多いのですが、萩原さんみたいな「変人」がたまたま名古屋にはいましたから……。

萩原　もう対立軸では意味がありません。

飯尾　いちばん大事なときに万博があって、そこまで市長がつないでくれましたから。

松原　ほんとにいいタイミングで。

飯尾　十パーセントが達成されれば、ぼくはもう卒業ですよ。卒業ということは、地球にある名古屋として、地球にめどをつけられたということです。地球の上の名古屋になります。そうしたいのです。やっぱり人間の意識は、個人の名前に集まります。

松原　そういうものですかねえ。

飯尾　そうじゃないとだめなのです。個人の名前でも誰でもいいというわけではありません。それだけの訴求力のある人に、きちんと訴求をするようなビヘイビアー（行動）をとってもらわないことには、どうしようもないのです。

【年表】環境首都をめざしての疾走

平成9年4月28日　市長就任
6月　ＢＩＥ総会出席のためモナコへ
8月　環境庁が藤前干潟をシギ・チドリ類の重要飛来地に選定
11月26日～11月28日　第4回気候変動世界自治体サミット
12月1日　気候変動枠組条約第三回締約国会議（ＣＯＰ3）
名古屋は10％削減に挑戦「名古屋も地球にある」
「チャレンジ１００」を開始　フライブルクへ視察
平成10年1月
9月24日　上飯田連絡線工事湧水を堀川へ放流（平成13年8月24日まで）
10月7日　市議会藤前干潟埋立同意決議
11月　万博のテーマ「新しい地球創造・自然の叡智」に決定
12月5日　環境庁藤前干潟の代償措置としての人工干潟を批判
12月18日　環境庁環境影響評価課長「人工干潟に関する報告書」持参
平成11年1月3日　藤前自治会住民投票処分場受入否決
1月25日　藤前干潟埋立断念
2月1日　記者会見にて藤前埋立中止を表明
2月18日　ごみ非常事態宣言
5月　万博、海上の森にオオタカ営巣確認
5月15日　「堀川を清流に」20万人署名、要望書を市長へ提出

ごみ減量先進都市

9月　万博、会場を青少年公園へ
平成12年3月4日　市民団体6団体による「クリーン堀川」発足
6月3日　環境デーなごや2000
7月　中学生がハノーバーとフライブルクへ「こども国際環境交流事業」
　「なごやの熱い夏」新資源収集の実施
8月7日　万博、会場計画について閣議決定
9月　なごや西の森づくり開始（第33回名古屋市植樹祭）
10月7日　ドイツ環境先進都市市民視察団
10月29日　ISO14001市役所庁舎で認証取得
平成13年3月16日　地球温暖化防止行動計画の策定　CO_2削減10％
3月26日　ごみ減量　2年で20万t達成
3月末日　市長就任　第2期目
4月28日　環境デーなごや2001　地域行事
6月　庄内川から堀川への暫定導水（0・3m^3／s）開始
7月23日　環境デーなごや2001　中央行事
9月2日　『一周おくれのトップランナー』出版
12月27日　環境首都コンテスト　1位発表
平成14年3月29日　環境デーなごや2002　地域行事
6月　環境デーなごや2002　中央行事
9月8日　なごや西の森づくり2002
10月14日　2005年日本国際博覧会「愛・地球博」起工式
10月17日

「市民との協働」　ホップ

11月18日　藤前干潟　ラムサール条約登録湿地認定
平成15年3月18日　「なごや環境大学」基本構想検討委員会の発足
4月14日　堀川ライオンズクラブ発足
4月25日　ウェルカムなごや・クリーンアップ運動（愛・地球博パートナーシップ事業）
5月31日　自治体環境グランプリ2003　「グランプリ」と「環境大臣賞」のダブル受賞
6月　環境デーなごや2003　地域行事
9月7日　環境デーなごや2003　中央行事
9月16日　なごや東山の森づくり基本構想　公表
10月1日　環境保全条例の施行　アイドリングストップの義務付け等　「エコクーぴょん」開始
10月10日　「なごや環境大学」基本構想を策定・公表
10月19日　なごや西の森づくり　第3回植樹祭
10月23日　堀川再生懇談会　タイ大使と懇談
10月28日　快適なまちづくりキャンペーンクリーンなごや2003
平成16年2月1日　なごや東山の森づくりの会設立
3月24日　2005年日本国際博覧会名古屋市パビリオン起工式
4月10日～5月31日　1000人調査隊による庄内川からの増水試験
4月16日　「なごや環境大学」実行委員会発足
6月　環境デーなごや2004　地域行事
6月11日　「なごや交通戦略」答申
6月23日　「堀川1000人調査隊」調査報告会
9月19日　環境デーなごや2004　中央行事

10月15日　浅層地下水放流0・01㎥／s（辻栄橋左岸）
10月18日　ITS世界会議　愛知・名古屋2004開会式
10月27日　循環型社会に向けたモデル住宅入居体験者募集
11月1日　「安心・安全で快適なまちづくりなごや条例」施行
11月2日　徳川園・蓬左文庫オープン
11月7日　なごや西の森づくり　第4回植樹祭
11月18日　安心・安全で快適なまちづくりキャンペーンなごや2004
平成17年1月21日　旧加藤商会ビル竣工式（堀川ギャラリーオープン）
2月13日　中部国際空港セントレア開港記念祝賀会
3月13日　名古屋市パビリオン「大地の塔」開館式
3月19日　新世紀・名古屋城博開会式
　納屋橋地区オープンカフェ実施・環境劇場（屋台村）オープン・エアレーション実施
3月20日　「なごや環境大学」開校
3月21日～4月3日　循環型社会に向けたモデル住宅第1回入居体験
3月24日　愛・地球博開会式　未来からの子どものメッセージ　叡智の袋
3月25日　愛・地球博開幕
3月27日　稲永ビジターセンター、藤前活動センター開館
4月28日　市長就任　第3期目
5月9日　環境審議会「環境基本計画の見直しについて」答申
（地球温暖化対策推進のための基本的な考え方を含む）

ジャンプ　環境首都

5月26日　指定都市市長会議in静岡　環境アピール
5月27日　名古屋・トリノ姉妹都市提携調印式
5月28日　名古屋まつり　愛・地球博名古屋市パビリオン「大地の塔」入館100万人記念セレモニー
6月　環境デーなごや2005　地域行事
6月19日　新世紀・名古屋城博フィナーレ、環境デーなごや2005　中央行事（第1回）
7月6日～11月30日　もういちど！大作戦～みなさんのお知恵拝借！～
7月21日　「なごや環境大学」国際シンポジウム2005（能楽堂）
7月24日　環境デーなごや2005　中央行事（第2回）
8月5日　旭山動物園視察
8月11日　東山動植物園再生検討委員会発足
8月14日　EXPOエコマネーセンター視察（愛・地球博長久手会場）
8月20日　名古屋打ち水大作戦（広小路夏まつり）
8月21日　環境デーなごや2005　中央行事（第3回）
9月11日　環境デーなごや2005　中央行事（第4回）
9月24日　BIEデー　名古屋市パビリオン「大地の塔」入館300万人記念セレモニー
9月25日　万博閉会式
10月22日～23日　「なごや環境大学」まちづくりシンポジウム（国際会議場）
10月29日　「なごや環境大学」市長講座
10月30日　なごや西の森づくり　第5回植樹祭
11月1日　浅層地下水放流0・01m^3／s（木津根橋上流左岸）
鍋屋上野浄水場の作業用水放流0・04m^3／s

名城処理場凝集剤添加実験開始　約０・６m^3/s（処理水放流量）
11月2日～11月11日　シドニー・バンコクへ　記念講演
11月20日　ＥＸＰＯエコマネーセンターオープンニングセレモニー（アスナル金山）
平成18年1月31日　広報大使加藤晴彦さんと学ぶ名古屋城本丸御殿面白ゼミナール
2月8日～12日　トリノ冬季オリンピック開会式とスローフードの街ブラ視察
2月22日　中津川市視察　木曽ヒノキ美林　尾張藩山守内木家　加子母小学校（木づくり校舎）
3月10日　「大地の塔」記念展示オープニング式典　藤井フミヤさんと　市政資料館
3月23日　名古屋城本丸御殿トークセッション
3月25日　愛・地球博開幕1周年記念事業　環境イベント（アスナル金山）
3月28日　「堀川１０００人調査隊２００５」調査報告会
4月29日　国民の森20周年記念事業「森林へのいざない」シンポジウム　中津川市加子母明治座
6月　環境デーなごや２００６　地域行事
6月3日　出張コマネーセンター　「未来の子どものピンバッジ」（南区柴田）
6月13日　東山動植物園再生プラン基本構想　公表
6月13日・18日　なごや・タウンミーティング開催　名古屋新世紀計画２０１０第3次実施計画
6月24日・25日　集まれ！本丸御殿応援隊の開催

環境首都「人づくり」

章扉写真

第一章　藤前干潟

第二章　二〇〇五年開催「愛・地球博」での名古屋市パビリオン「大地の塔」

第三章　エコライフ宣言カード

第四章　広小路ルネサンスイメージ図（広小路ルネサンスパンフレットより）

第五章　なごや東山の森（「東山動植物園再生プラン基本構想」より）

第六章　焼失前の名古屋城天守閣と本丸御殿（名古屋城管理事務所所蔵）

松原武久（まつばらたけひさ）

名古屋市長。

1937年1月26日愛知県尾張旭市に生まれる。東海中学・高校から、愛知学芸大学（現愛知教育大学）を卒業。

1960年より守山東中学校教諭。大森中学校長、教育委員会教育長などを歴任。

1997年４月に名古屋市長に初当選。2005年4月より3期目。

2003年12月指定都市市長会長。2006年４月再任。

共編著に『現代っ子小学生―家庭教育の基本―』『21世紀をのりきる子ども』（第一法規出版）。著書に『一周おくれのトップランナー―名古屋市民のごみ革命―』（ＫＴＣ中央出版）。

なごや環境首都宣言　トップランナーは、いま

２００６年8月16日　初版第一刷　発行

著者　松原武久

発行者　ゆいぽおと
〒４６１-０００１
名古屋市東区泉一丁目15-23
電話　０５２（９５５）８０４６
ファックス　０５２（９５５）８０４７

発売元　ＫＴＣ中央出版
〒１０７-００６２
東京都港区南青山６-１-６-201

印刷・製本　モリモト印刷株式会社

内容に関するお問い合わせ、ご注文などは、
すべて右記ゆいぽおとまでお願いします。
乱丁、落丁本はお取り替えいたします。

ISBN4-87758-406-4 C0095

ゆいぽおとでは、
ふつうの人が暮らしのなかで、
少し立ち止まって考えてみたくなることを大切にします。
テーマとなるのは、たとえば、いのち、自然、こども、歴史など。
長く読み継いでいってほしいこと、
いま残さなければ時代の谷間に消えていってしまうことを、
本というかたちをとおして読者に伝えていきます。